鸿鹄文库

赤铁矿混合选别全流程智能控制系统的研究

李海波　田景贺　著

哈爾濱工業大學出版社
HARBIN INSTITUTE OF TECHNOLOGY PRESS

图书在版编目(CIP)数据

赤铁矿混合选别全流程智能控制系统的研究/李海波，田景贺著．—哈尔滨：哈尔滨工业大学出版社，2024．8．—ISBN 978-7-5767-1483-8

Ⅰ．TD924

中国国家版本馆 CIP 数据核字第 202429WN96 号

赤铁矿混合选别全流程智能控制系统的研究

CHITIEKUANG HUNHE XUANBIE QUANLIUCHENG ZHINENG KONGZHI XITONG DE YANJIU

策划编辑　李艳文　范业婷
责任编辑　杨　硕
出版发行　哈尔滨工业大学出版社
社　　址　哈尔滨市南岗区复华四道街 10 号　邮编 150006
传　　真　0451-86414749
网　　址　http://hitpress.hit.edu.cn
印　　刷　哈尔滨起源印务有限公司
开　　本　720mm×1020mm　1/16　印张 11.5　字数 225 千字
版　　次　2024 年 8 月第 1 版　2024 年 8 月第 1 次印刷
书　　号　ISBN 978-7-5767-1483-8
定　　价　78.00 元

前　言

我国赤铁矿资源丰富，但普遍具有品位低、杂质含量高、嵌布粒度细、难以选别的特点，采用单一的磁选或者浮选的选别方法难以去除杂质而实现含铁物质的有效回收，必须在磁选选别之后，采用混合选别全流程（包括磨矿过程、浓密过程和浮选过程）才能获得较高品位的精矿。其中，混合选别过程是赤铁矿选矿环节中最为关键和重要的生产环节，其主要任务是将选矿过程的工艺指标精矿品位和尾矿品位控制在工艺规定的目标值范围内，尽可能提高精矿品位和降低尾矿品位。精矿品位和尾矿品位是表征混合选别过程产品质量和生产效率的关键工艺技术指标，即运行指标，提高精矿品位和降低尾矿品位，对于提高选矿过程产品质量、降低能源消耗、提高企业经济效益具有重要意义。

混合选别全流程运行指标精矿品位和尾矿品位与浮选机矿浆液位之间具有强非线性、强耦合等综合复杂特性，随生产边界条件（给矿浓度、给矿流量、给矿粒度、矿石成分）变化而变化，难以用精确数学模型描述；多级串联浮选机矿浆液位之间具有强耦合特性，与对应浮选机出口阀门开度之间具有非线性关系，且受浮选首槽矿浆流量频繁波动干扰的影响。因此难以采用已有的控制方法通过浮选机矿浆液位的设定控制和跟踪控制实现精矿品位和尾矿品位的优化控制。混合选别浓密过程是以底流矿浆泵转速为输入，矿浆流量为内环输出，矿浆浓度为外环输出的强非线性串级过程，受浮选过程产生的大而频繁的中矿矿浆的随机干扰，且难以用精确数学模型描述。它不仅要求将外环输出控制在目标值范围内，而且也要将内环输出及变化率的波动控制在目标值范围内，因此难以采用已有的串级控制方法对其进行控制。目前赤铁矿混合选别全流程的浮选机矿浆液位设定控制、浮选机矿浆液位跟踪控制、给矿浓度和流量区间控制均采用人工控制方式，当生产边界条件频繁变化时，操作员难以及时准确地判断运行工况，调整浮选机出口阀门的开度和浓密过程底流矿浆泵转速，常常出现浓密过程底流矿浆浓度和流量超出工艺规定范围的情况，造成浮选机“冒槽”和“不刮泡”等故障工况发生，使得有用金属流失，金属回收率降低，进而导致最终精矿品位低，尾矿品位高，严重影响选矿厂的经济效益。

本书基于中国酒泉钢铁集团有限公司选矿厂“赤铁矿提质降杂改造工程”项目，以将精矿品位和尾矿品位控制在目标范围内的同时，尽可能提高精矿品位，降低尾矿品位为目标，开展了赤铁矿混合选别全流程智能控制系统的研究。提出了赤铁矿混合选别过程智能控制方法，设计了控制系统软、硬件结构，开发了实现上述控制方法的智能控制系统软件。在此基础上，将该控制系统成功应用于国内某选矿厂，取得了显著的应用效果。第 3 章，针对混合选别全流程所具有的综合复杂性，提出了将精矿品位和尾矿品位控制在目标值范围内的混合智能运行控制方法，运行控制方法由上层浮选机矿浆液位设定和下层浮选机矿浆液位跟踪控制两层结构组成。智能运行控制上层浮选机矿浆液位设定由基于案例推理的预设定模型、基于规则推理的前馈补偿器和反馈补偿器以及基于主元分析与极限学习机(PCA－ELM)的运行指标预报模型组成。智能运行控制下层矿浆液位跟踪控制针对多级串联浮选机矿浆液位系统这一多变量、强耦合、参数不确定的非线性工业过程，提出基于自适应神经网络模糊推理系统(ANFIS)的非线性自适应解耦控制策略，该自适应解耦控制器是由线性自适应解耦控制器，非线性自适应解耦控制器和切换机制组成。线性自适应解耦控制器可以保证闭环系统的输入输出稳定，非线性自适应解耦控制器可以提高系统的暂态性能，通过上述两种控制器的切换，保证闭环系统的稳定同时改善系统的控制性能。针对混合选别全流程中的浓密过程是一类受到大而频繁的随机干扰且难以建立数学模型的强非线性串级过程，将模糊控制、规则推理、切换控制和串级控制相结合，提出了浓密机底流矿浆浓度和矿浆流量区间串级控制结构以及基于静态模型的流量预设定、模糊推理流量设定补偿、流量设定保持和规则推理切换机制组成的流量设定智能切换控制算法。其中，矿浆流量预设定根据流量静态模型，产生矿浆流量初始设定值；流量设定补偿模型根据矿浆浓度偏差和流量偏差对流量设定值进行补偿；切换机制对浓密过程工况进行识别，在流量设定保持器和补偿器之间进行切换，从而将底流矿浆浓度和矿浆流量及其变化率的波动控制在目标值范围内。第 4 章，根据赤铁矿混合选别全流程的工艺流程，设计了控制系统软、硬件平台，在此基础上，采用所提出的混合选别全流程智能控制方法研制了智能控制系统软件，该软件包括混合选别全流程智能运行控制软件，混合选别浓密过程底流矿浆浓度和流量区间智能切换控制软件、混合选别全流程过程控制软件和系统监控软件，其中运行控制软件由浮选机矿浆液位设定控制软件和浮选机矿浆液位跟踪控制软件组成。第 5 章，将研制的赤铁矿混合选别全流程智能控制系统应用于中国酒泉钢铁集团有限公司选矿厂实际生产过程，并与人工手动控制方式进行了实验对比。其中智能运行控制方法与人工控制相比，精矿品位提高了 0.31 个百分点，尾矿品位降低了 2.18 个百分点；对于浮选机矿浆液位控制方法与人工控制方式，进行了改变设定值和给矿扰动变化两种对比实验，实验结果表明自适应解耦控制方法控制效果明显优于人工手动控制方式，浮选机矿浆液位能够快速地跟踪其设定值，大大降低了浮选机"冒槽"生产事故的发生；对于浓密过程底流矿浆浓度和矿浆流量区间控制方法与人工手动控制方式，进行了当扰动大而频繁随机变化时的对比实验，本书所提的方法能够将底流矿浆浓度和矿浆流量及其变化率的波动均控制在工艺规定的范围内，与人工控制方式比较，精矿品位提高了 0.13 个百分点，尾矿品位降低了 1.56 个百分点，取得了显著的应用效果。

本书由李海波、田景贺撰写，由李冰负责全书的数据整理等工作。本书内容相关的研究工作得到了国家自然科学基金(61773269)、辽宁省自然科学基金(20170540658)、辽宁省教育厅科技研究项目(L201605)、沈阳市科技计划应用基础研究专项(18－013－0－100)等项目的资助，在此表示衷心的感谢！感谢东北大学流程工业综合自动化国家重点实验室柴天佑院士在长期的课题研究过程中给予的悉心指导。另外，在本书的撰写过程中，作者参考了大量国内外文献资料，在此向文献作者表示由衷的感谢，对于可能遗漏的参考资料作者表示歉意。

李海波

2024 年 5 月

目　　录

第1章　绪　论

1.1　研究背景及意义

我国赤铁矿资源丰富，但普遍具有品位低、杂质含量高、嵌布粒度细、难以选别的特点，采用单一的选别方法难以去除杂质而实现有用金属的有效回收，必须在磁选选别之后，采用由再磨过程—浓密过程—浮选过程组成的混合选别全流程，才能获得较高的精矿品位。其中，再磨过程对磁选精矿矿浆进行再次研磨处理，使得矿浆的粒度变细，满足浮选过程对矿浆粒度的要求；浓密过程作为浮选过程的上游工序，承担为浮选过程提供合格给矿矿浆浓度和流量的任务；浮选过程是混合选别全流程中最重要的生产环节，是利用矿物自身具有的或经药剂处理后获得的疏水－亲水特性，使得矿物在水－气界面聚集，完成富集、分离和纯化的过程。浮选过程精矿品位和尾矿品位分别是反映精矿中有用矿物的质量分数和尾矿中有用矿物质量分数，表征浮选过程产品质量和生产效率的关键运行指标。

混合选别全流程的运行指标精矿品位和尾矿品位难以在线检测，且与关键工艺参数浮选机矿浆液位等参数之间存在强非线性、强耦合、难以用数学模型描述等综合复杂性，且受到浓密过程底流矿浆浓度和矿浆流量等生产边界条件频繁变化的影响，采用已有的基于数学模型的优化控制方法和自动控制系统难以将运行指标精矿品位和尾矿品位等控制在目标值范围内。目前混合选别全流程主要采用人工控制，操作员不能及时准确地判断生产工况变化，难以及时调整浓密过程底流矿浆流量设定值和浮选机矿浆液位，常常导致浮选时间缩短和液位剧烈波动，严重时出现浮选机内矿浆“冒槽”和“不刮泡”等故障工况，造成最终的浮选精矿品位和尾矿品位波动严重、产品质量难以得到保证、精矿品位低、尾矿品位高等问题，已成为我国选矿工业技术进步的瓶颈。随着我国选矿行业工业生产大型化、连续化和集中化，迫切需要采用先进的控制方法和控制技术，提高混合选别全流程自动化水平、稳定混合选别全流程的运行、提高产品质量和精矿合格率、降低消耗、提高企业经济效益和市场竞争力。

我国在20世纪70年代，为了加速科技进步，赶超国际先进水平，将实现选别系统综合自动化列为重点研究课题，但由于主要设备不完善、检测仪表缺乏等因素制约，系统适应性差，难以长时间稳定运行，系统投运率低。自20世纪90年代以来，随着先进控制技术和计算机技术的发展，选别系统在理论研究和应用方面取得了一定的进展，并在石油、化工等行业得到广泛应用，选别过程的控制研究也进入了一个新的时期。针对选别过程具有强非线性、多变量、时滞、慢时变、强耦合等综合复杂性，包括模糊控制、模糊神经网络控制、模糊预测控制等多种先进控制方法得以提出，并取得了很多研究成果。

本书依托国家科技支撑计划“选矿全流程先进控制技术”(编号：2012BAF19G01)，将运行指标精矿品位和尾矿品位控制在目标值范围内，提高精矿品位，降低尾矿品位，结合赤铁矿混合选别全流程的动态特性，综合使用切换控制、规则推理、案例推理等智能方法和先进控制方法，研究浮选机矿浆液位，浓密机底流矿浆浓度和流量的智能切换控制方法和智能设定方法。在此研究基础上，采用结构化、产品化思路进行相关的应用研究，设计和开发了赤铁矿混合选别全流程控制系统的软、硬件平台，研制了智能控制系统软件。将上述赤铁矿混合选别全流程智能控制系统应用于中国酒泉钢铁集团有限公司(简称酒钢)选矿厂，取得了良好的应用效果。

1.2 混合选别过程研究现状

1.2.1 混合选别过程工艺

混合选别过程主要由再磨过程、浓密过程和浮选过程三部分组成。其中，再磨过程采用球磨机和水力旋流器组成闭路磨矿系统，对磁选精矿矿浆进行研磨、分级处理，使得矿石颗粒由大变小到一定程度，满足浮选过程对矿浆颗粒粒度的要求；浓密过程采用高效浓密机对再磨过程处理后的较低浓度的矿浆进行浓密处理，在浓密机底部获得较高浓度的精矿矿浆通过矿浆泵输送到浮选过程，通过控制矿浆泵转速，获得矿浆浓度和流量均满足浮选过程要求的合格矿浆；而浮选过程是混合选别全流程中的关键环节，将浓密后的矿浆输送到浮选机内，在浮选机内矿浆与浮选药剂进行充分物理化学反应，使得有用矿物和脉石分离，浮选过程的产品为精矿和尾矿。

1. 再磨过程工艺

再磨过程是混合选别全流程的第一道工序，该过程主要是将磁选精矿矿浆进行研磨和分级，使得矿石颗粒单体解离或接近单体解离，以保证再磨过程的产品粒度满足浮选过程的要求，避免粒度过粗和过碎现象的发生，否则将影响浮选过程的精矿品位和尾矿品位。

磨矿一般采用湿式磨矿方式，选取水力旋流器作为分级设备，与球磨机构成闭路磨矿系统。

球磨机自19世纪末发明到现在的100多年以来，广泛应用于冶金、化工和水泥等行业的原料加工准备过程。在铁选厂，球磨机主要用于对原矿颗粒进行研磨处理，使得矿石颗粒单体解离或接近单体解离，为后续工序提供粒度合格的矿浆。球磨机的广泛应用及其对后续经济技术指标的显著影响，使得球磨机成为国内外专家学者的研究热点。近年来，由于大型磨矿设备具有基建投资低、处理量大、单位能耗低等特点，球磨机逐渐向大型化发展，并且在工业现场得到成功应用。目前世界上最大的湿式球磨机是丹麦福勒史密斯公司为南非 Anglo Platinum 铂矿制造的两台 ϕ7.92 m×12.2 m 球磨机，装机容量为17 500 kW/台，已于2007年投入使用。我国在大型球磨机方面也开始了自主创新研发，中信重工机械股份有限公司继2007年在金川集团选矿厂安装 ϕ5.5 m×8.5 m 的当时国内最大的溢流型球磨机外，于2009年又成功试车 ϕ7.93 m×13.6 m 的溢流型球磨机，并服务于中冶科工集团在澳大利亚 SINO 铁矿选矿厂，打破了全球高端磨矿装备技术和市场被少数几家国际公司长期垄断的局面。

球磨机的主要结构部件包括圆柱形筒体、联合给矿器、尾部排矿装置、轴承、传动部件、润滑系统以及球磨机内衬板等。筒体中装入直径为25～150 mm的钢球或钢棒，称为磨矿介质。图1.1所示为中心传动球磨机结构示意图。

球磨机在电机的带动下，经过一定速率的减速机的速度变比，按照一定的转速进行旋转。钢球通过球磨机筒体的转动，在球磨机内磨矿衬板的带动下，随筒体旋转并挨着筒壁不断上升，此时钢球势能也不断增加。当钢球上升到一定的程度，在动力学的作用下，钢球便与筒壁分离，并按照抛物线的轨迹向前落下，做抛落式运动，最终与球磨机的衬板或其他钢球相碰撞，此时势能转化为最大的动能，钢球完成了一次往复的运动。在钢球碰撞的过程中，钢球周围黏附的一层原矿被挤碎，达到了碎矿磨矿的目的。

常用的再磨过程一般为闭路磨矿，球磨机研磨后的矿浆输送到分级设备，由分级设备控制再磨过程产品的分离粒度，粒度合格的矿石由分级设备排出输送到下一道工序，不合格粒度的矿石颗粒返回球磨机进行再次研磨处理，实现闭路磨矿。闭路磨矿的好处是生产能力大，并且磨矿产品粒度分布比较均匀，产品粒度质量稳定。

经球磨机研磨后的矿浆中存在粗颗粒和细颗粒，为了将矿浆颗粒按照大小

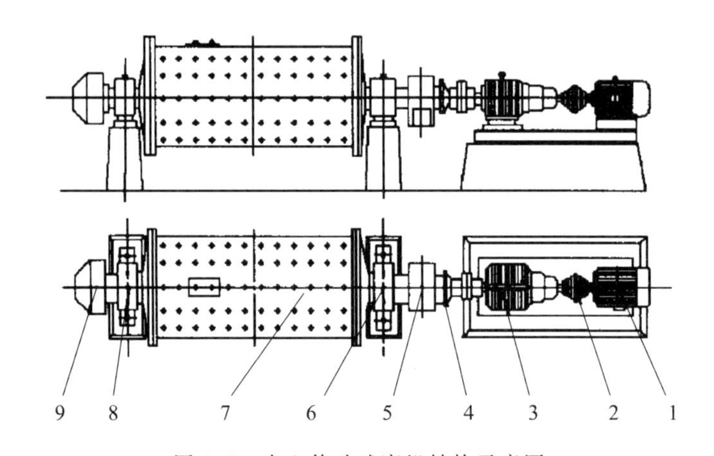

图 1.1 中心传动球磨机结构示意图

1—电动机；2—液力偶合器；3—行星齿轮减速机；4—联轴器；5—排料器；
6—滚动轴承；7—球磨机筒体；8—滚动轴承；9—给料器

分离，获得再磨过程粒度合格的产品，需要分级设备进行分级处理。在闭路磨矿过程中采用的分级设备主要有螺旋分级机和水力旋流器，两者都是按照固体颗粒在流体中的沉降速度的差异来进行分级的，不同的是螺旋分级机是在重力场中，而水力旋流器则是在离心力场中完成颗粒分级的。

(1)螺旋分级机。

螺旋分级机是基于固体颗粒大小不同，在液体中的沉降速度不同的原理，细颗粒浮游在水中溢流排出，粗颗粒沉于槽底，由螺旋推向上部排出来进行分级的一种分级设备。由于其完全依靠重力场进行粒度分离，微细级颗粒的沉降速度受到限制，设备的处理能力和分级效率难以显著提高，因此在新建选矿厂和已有选矿厂的技术改造中，普遍采用水力旋流器代替螺旋分级机作为磨矿过程的分级设备。

(2)水力旋流器。

1891 年，Bretney 在美国申请了第一个水力旋流器专利。1914 年，水力旋流器正式应用于磷肥的工业生产。到了 20 世纪 30 年代，水力旋流器以商品形式出现，并用于纸浆的工业水处理中。20 世纪 40 年代，美国原子能委员会将水力旋流器用于乙醚一水系统的分离；1939 年，在荷兰国家矿产部的大力支持下，Driessen 将水力旋流器应用于一座煤矿的煤泥水澄清作业过程。1953 年，Van Rossun 将水力旋流器用于脱出油中的水分，之后逐渐开始出现大量有关水力旋流器的文献，同时水力旋流器已经作为一种标准的固一液分离设备在广泛的领域内被认同，而且其应用领域也越来越多。我国是在 20 世纪 50 年代初开始试验并首先在云锡公司选矿厂进行工业应用。

水力旋流器的工作原理:矿浆在一定进口压力的作用下,经旋流器给矿管沿切线方向进入旋流器的圆柱体内,并在旋流器内形成强烈的旋转运动。在离心力的作用下,较粗颗粒克服水力阻力被抛向旋流器壁内侧,同时在重力的作用下呈螺旋式下降,由沉砂嘴排出,形成底流;而较轻较细的颗粒及大部分水则因所受的离心力小而被挤压到旋流器轴心附近,在外层矿浆收缩压迫之下,内层料浆不得不改变方向,转而向上运动,在锥体中心形成上升的螺旋流,经溢流管排出,形成溢流。通过底流和溢流完成对给矿矿浆的分级。典型的水力旋流器结构及其内部矿浆涡旋流动过程如图 1.2 所示。

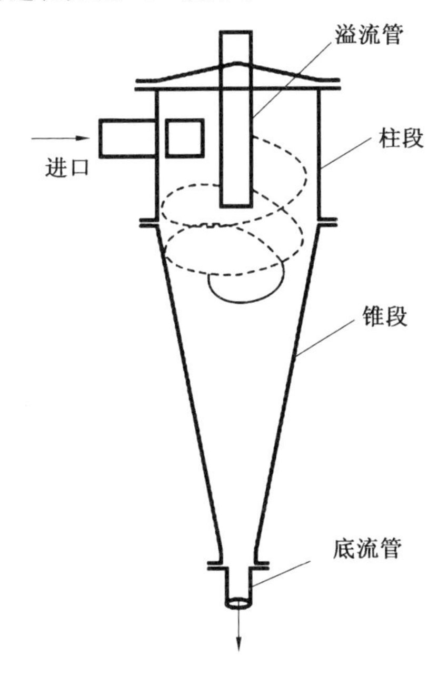

图 1.2 水力旋流器结构图

2. 浓密过程工艺

浓密过程是将上游工序较低浓度的矿浆进行浓密处理,获得较高浓度的底流矿浆和澄清溢流水。目前选矿厂普遍采用浓密机作为矿浆固液分离的主要设备。随着选矿厂生产规模扩大、处理量增加,以及对水资源循环利用的需要,国内外的专家学者进行了大量的研究工作,浓密技术取得了重要进展。

自从 1905 年道尔(Dorr)发明第一台浓密机以来,浓密设备得到了不断的发展。在 20 世纪 60 年代,为了满足选矿厂矿石处理量不断增长的需求,浓密机逐渐向大型化方向发展,直径最大达到 200 m,大大提高了选矿厂的矿石处理量和生产效率。但大型化的浓密机存在基建投资费用高、占地面积大和单位面积生产效率低等缺点,使其在选矿厂推广应用中受到限制。20 世纪 60 年代末,国外开始发展高效浓密机,第一台高效浓密机由英国煤炭局开发,用于处理尾煤,底流浓度可以达到 60%~70%,20 世纪 70 年代,美国开始使用下加料式 Enviro-Clear 高效浓密机,其处理能力是普通浓密机的 2 倍。80 年代又开发了中心加料筒型 Eimco 高效浓密机,处理能力提高为普通浓密机的 3 倍。与普通浓密机相比,高效浓密机具有明显的优势,它占地面积小,消耗动力和易损零部件少,处理能力大,浓缩效率高,其增大的高径比使微细矿浆颗粒在浓密机内有必要的停留时间,深入沉积层中进料更保证了微细矿浆颗粒被沉积层捕捉,高分子絮凝剂的应用强化了矿浆颗粒凝聚效果,从而产生更清的溢流水和更浓的底流矿浆。

浓密是一种物理分离过程,在重力场中因密度差异而产生自然沉降的固液分离过程。在浓密过程中,不仅较粗颗粒容易沉降,而且微细物料通过凝聚或絮凝也能达到较好的沉降效果。

浓密机上游反应得来的矿浆浓度相对较低,通过静态混合器与絮凝剂混合,浓密机耙子呈规律性圆周运动,以保证矿浆在浓密机中呈悬浮态运动。搅拌作用一方面对矿浆进行均化处理,防止矿浆在浓密机内部分布不均;另一方面使浓密机的矿浆处于运动状态,便于底部对浓度的控制和调节,保证矿浆不压耙子,避免生产事故。在重力的作用下,矿浆自然沉降,在浓密机底部得到浓度较高矿浆,由底流泵送入下一工序以及晶种泵返回中和过程,溢流水由溜槽排到溢流槽供下一环节使用。为了使矿浆沉降速率加快,根据来料情况添加相应的絮凝剂,在耙子的搅拌下,矿浆与絮凝剂发生物理和化学变化从而聚结成大的絮凝体。

根据现有的浓密理论,浓密机的浓缩过程分为三个阶段。现使用的浓密机的浓密过程主要是固体颗粒在沉降段的工作过程,当浓密机处于这一工作阶段,采用絮凝浓缩,大大地增加了固体通量,设备可以获得大的处理量。但进入浓缩过程的压缩段,固体颗粒的沉降过程已经发生了质的变化,由固体颗粒的沉降变为水从浓相层中挤压出来的过程。Buscall 和 White(1987)在分析絮凝沉降特性时提出了一个屈服应力的概念:他们认为絮凝浓缩的压缩阶段、固体的沉降速率和压实程度取决于 3 种力,即重力、流出浓相层液体的黏滞力以及浓相层固体颗粒间的应力的平衡。絮凝浓缩形成的网状结构物的压缩脱水仅与压力有关,当浓相层所承受的压力大于临界值,浓相层才可能大幅度地提高。因此絮凝后的矿浆必须直接给到浓缩沉降层,目的是使未被絮凝的矿粒或絮团在通过浓缩沉积层时有再次被絮凝的机会。浓缩沉积层实际上又起到了二次混合和捕集的作用,有力地防止了微细颗粒或碎絮团随上升水流流失机外。根据现场检测经验,大部分现场是用浮球法或者系绳法测量浓密机的泥层界面,测量的高度可以认为是压缩区的高度。

浓密机内作业空间分布示意图如图1.3所示:给料矿浆与絮凝剂在静态混合器中混合,然后从导流桶上部给料,从导流桶下端按水平方向分布在浓密机的截面上。在此过程中固体颗粒受重力作用不断下沉,经历等速沉降区、过渡区、压缩段,然后经设在底部的耙齿,耙向中心,最后于槽底中央排出,即为底流。清液则从槽体中部平面向上流动,并分离掉夹带的固体微粒,最后沿四周的溢流堰溢出,即为上清液,也称为溢流液。

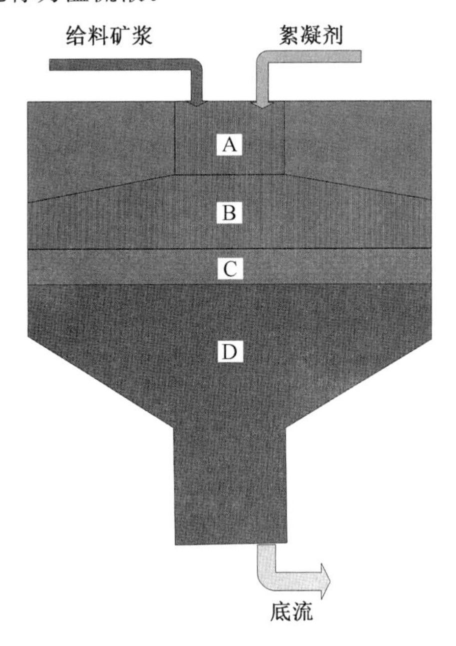

图1.3 浓密机内作业空间分布示意图

A区为澄清区,在此处固体颗粒已经不存在,只有液体介质存在,得到的澄清液作为溢流产物从溢流口排出。B区为自由沉降区,需要浓缩的悬浮液首先进入B区,固体颗粒依靠自重迅速沉降,同时固体颗粒在流体向外流动力的作用下,向外运动,形成抛物形沉降带。固体颗粒进入压缩区(D区),在压缩区悬浮液中的固体颗粒已形成较紧密的絮团,仍继续沉降,但其速度已比较缓慢;在自由沉降区B与压缩区D之间有一个过渡区C。在该区中,部分颗粒由于自重作用沉降,部分颗粒则受到密集颗粒的阻碍,难以继续沉降,故该区又称为干涉区。

3. 浮选过程工艺

浮选是在气—液—固三相体系中进行矿物分选的技术，随着选矿行业整体技术进步和我国矿产资源的特点日益向贫、细、杂、难的方向发展，浮选作为能够有效分选贫、杂、细颗粒矿石的选别方法越来越受到广大选矿科技工作者的关注，围绕选矿技术发展的一系列研究也成为选矿技术研究的热点。

19 世纪中叶，利用矿物表面疏水—亲水性质的差别，对矿石进行加工的一种工艺方法开始在工业上应用，该方法称为浮游选矿，又称浮选。这种工艺的小规模特殊应用可以追溯至古代。淘洗沙金时，有所谓"鹅毛刮金"的方法，是在鹅毛上蘸以植物油类，粘捕河沙中细微的金粒，这就是利用金粒疏水亲油性质或者形成油团粒而被捕收的浮选过程。这一方法沿用至今。我国古代滑石、陶土、各种矿物质绘画颜料、各种矿物质中药的选别加工，都利用"淘、澄、飞、跌"等工序来进行选矿，其中"飞"就是利用矿物的天然疏水性，使其漂浮在水面，从而与亲水性下沉的脉石分离，即近代所谓的"表层浮选法"。进入 20 世纪，一种利用气泡增加液—气界面，从而提高分选效率的方法被提出。这种"泡沫浮选法"不需要增加过多的生产成本，却可以大大提高浮选的速度，提高浮选的分选效果。

后来有研究发现，用松油、醇类作为气泡剂，用黄药作为硫化矿捕收剂，能有效改善浮选状态、显著提高浮选效果，极大地推动了浮选药剂的发展。许多过去认为难浮的矿物，经过研究及生产实践，采用不同的浮选药剂，都可以变成可浮或易浮的矿物。认识到这一重要作用后，对浮选药剂的研究蓬勃开展起来，研究重点集中在浮选药剂的种类、浮选药剂配比、浮选药剂的添加时间等方面，极大地推动了浮选工艺和技术的发展。通常来说，浮选过程生产技术指标的好坏，与能否灵活正确使用浮选药剂密切相关，同时浮选工艺技术的进步与发展，在很大程度上依赖于浮选药剂的发展与应用。高效浮选药剂的出现，往往促使浮选工艺技术出现新的突破，推动浮选工艺技术水平的提高，而浮选工艺技术的发展反过来又促进和推动浮选药剂的研究和探索，二者相互促进、相互依存、共同发展。

从 19 世纪末，浮选开始正式成为一种具有一定规模的选矿方法并在工业中应用，至今已有 100 多年的历史。Goover 于 1909 年制造了用于泡沫浮选的多槽叶轮搅拌装置，1915 年制造出喷射式浮选机样机。20 世纪 20 年代，国外一些浮选设备制造商开发出各种类型的机械搅拌式浮选机和充气式机械搅拌浮选机，30 年代浮选机发展迅速，60 年代开发出大型浮选机，到 90 年代开发出单槽容积为 160 m^3 的浮选机。目前，工业应用的大型浮选机单槽容积已达到 300 m^3，并正在开发单槽容积为 500 m^3 的浮选机，以满足选矿厂大幅度提高生产能力、境地投资和生产费用的要求。

浮选工艺是浮选生产的骨架，是决定浮选生产能否可行和指标高低的决定因素。针对各种矿石的特性，为了完成某种矿石的浮选，需要配置多台甚至几十台浮选机组进行生产。为了达到预期的工艺技术生产指标，需要对上述浮选设备进行流程的配置，采用最少的浮选机组满足处理量、回收率、工艺技术指标、药剂消耗等工艺技术指标要求。这就是浮选工艺流程。不同浮选矿石由于性质的不同会采用不同的工艺流程；即使是相同的浮选矿石，由于操作条件和生产条件的不同，也会采用不同的生产流程；此外，浮选技术的发展，工艺技术指标的变化，也会造成浮选流程的不同。

我国赤铁矿矿石成分复杂、难以选别，因此铁矿石浮选工艺大多采用阴离子或阳离子反浮选工艺。文献[24]等以石人沟铁矿精矿粉为原料生产超级铁精矿，用十二胺作为捕收剂进行了磨矿一反浮选、分级一反浮选和分级一低磁选等试验，并按照磨矿一反浮选方案建成了生产超级铁精矿的选矿厂，得到了优良的生产指标。文献[25]分别利用油酸钠和多胺等捕收剂对赤铁矿和钠辉石纯矿物的捕收剂作用，使用阳离子捕收剂多胺反浮选钠辉石时，采用露化木素作为抑制剂，可使两者的可浮选之差达到 80%，而采用油酸钠正浮选赤铁矿，难以达到有效分离的目的。文献[26]针对东鞍山含碳酸盐难选铁矿石的工艺矿物学特性及浮选分离特性，提出了采用一段正浮选分选菱铁矿、二段反浮选分选赤铁矿工艺实验，在给矿品位 52.30%时，可获得铁精矿品位 66.34%、回收率 71.60%的分选效果。

反浮选工艺从根本上解决了药剂消耗量大的问题，阳离子反浮选工艺比阴离子反浮选工艺有明显的优势：工艺流程、药剂制度等简单。虽然现有阳离子捕收剂比阴离子捕收剂合成成本高，但药剂消耗少，可在较低温度下浮选，最终的选矿成本比阴离子反浮选工艺低。随着阳离子捕收剂合成成本的降低和阳离子捕收剂种类的增加，阳离子反浮选工艺必将得到铁选厂的认可并得到广泛应用。

1.2.2 混合选别过程建模

过程建模是过程控制与优化的基础。目前计算机仿真技术已经成为研究复杂对象的通用手段，许多新的方法不可能直接在实际过程中应用，高精度的仿真平台不仅能够提供先进控制方法应用、验证和改进的平台，还可以实现参数的离线调试，缩短了工程应用的周期。

传统过程对象模型主要有机理建模和数据建模两种方式，但是复杂对象的模型往往无法完全或者部分用机理来描述，使得采用机理模型获得对象的完整模型很难。目前，机理与数据混合的智能建模方法备受关注，在冶金、化工等工业过程中取得不错的效果。混合选别过程的建模研究主要采用数据建模和机理建模两种方式，下面介绍混合选别过程模型的研究现状。

1. 数据建模

文献[27]针对磨机负荷检测方法只能监督判断球磨机负荷状态，难以检测球磨机负荷参数的问题，提出了一种基于筒体振动频谱的集成建模方法。该方法首先根据磨矿过程的研磨机理，将振动频谱采用波峰聚类方法自动划分为具有不同物理意义的分频段，然后采用核偏最小二乘算法建立子模型，依据子模型训练数据预测误差的信息熵获得初始权重，加权得到最终的球磨机负荷参数集成预测模型，通过仿真实验验证了该方法的有效性。

文献[28]针对磨矿过程关键指标磨矿粒度难以用仪表进行在线检测的问题，提出了基于案例推理的软测量方法。选取分级机溢流浓度、旋流器给矿浓度和旋流器给矿压力作为软测量模型的辅助变量，并以此变量为案例的特征属性，然后采用工业现场的样本数据，建立初始案例，该方法成功应用于某选矿厂的实际磨矿过程。

文献[29]针对磨矿过程粒度测量仪表检测周期长、价格昂贵、维护困难，难以实现在线测量的问题，结合典型两段磨矿回路的工艺特点，采用多输入层神经网络和遗传算法相结合的方法，建立了磨矿粒度软测量模型，并通过工业现场数据验证了该方法的有效性。

文献[30]结合某金矿选矿厂典型两段磨矿过程的生产实际，提出了径向基函数(RBF)网络的粒度软测量方法，以一段溢流浓度、二段旋流器给矿浓度、二段旋流器给矿流量作为软测量模型的输入，以二段旋流器溢流粒度为软测量模型输出，并对该方法进行了仿真研究。

上述方法的局限性在于没有考虑原矿下料粒级分布和矿石研磨性质对模型精度的影响。

文献[31]针对浮选过程难以建立精确数学模型的难题，采用多元线性回归分析的方法，对现场采集的数据进行处理，确定浮选精矿品位和尾矿品位与浮选加药量、充气量、浮选槽液位、浮选给矿品位和浮选给矿矿浆浓度之间的关系，建立浮选精矿品位和尾矿品位的经验模型，用以研究和反应生产控制参数及干扰对浮选工艺技术指标的影响，现场实际生产数据仿真结果表明该方法具有一定的实用性。

其经验模型如下：

$$\beta=a_0+a_1x_1+a_2x_2+a_3x_3+a_4x_4+a_5x_5 \tag{1.1}$$

式中　x_1——浮选药剂用量，g/t；

x_2——浮选充气量，m^3/min；

x_3——浮选槽矿浆液位，mm；

x_4——浮选给矿品位，%；

x_5——浮选给矿矿浆浓度，%；

$a_1,a_2,\cdots,a_5$——模型系数。

尽管采用浮选经验模型可使选矿工程师对特定矿石和选矿厂有更好的了解，但很难从已有的经验方法得到的普遍结果或适用的模型中找到一致的基础。

文献[32]针对矿物浮选过程精矿品位在线检测困难的问题，采用基于主元分析法(PCA)和神经网络的方法，建立精矿品位的预测模型，应用数字图像处理技术，从实时获取的泡沫图像中提取泡沫特征，分析各特征与精矿品位的关系，利用主元成分分析法从特征中提取主成分，最后采用改进反向传播(BP)神经网络训练算法，以离线化验得到的精矿品位数据对模型进行训练校正。

文献[33]采用最小二乘支持向量机的方法，对浮选过程现场采集的数据进行处理，确定给矿粒度、给矿量、给矿浓度、给矿品位和浮选过程工艺指标之间的数学表达式，建立了精矿品位和尾矿品位的数学模型。文献[34-35]依据浮选过程的工艺机理和操作经验，初选了浮选过程经济技术指标神经网络软测量模型的输入变量，运用主元分析方法对输入变量进行主元分析，降低输入变量维数且消除输入变量之间的线性相关性，再通过基于最近邻聚类学习算法的径向基函数神经网络进行建模，提出了一种基于自适应神经－模糊推理系统和主元分析与 RBF 神经网络相结合的经济技术指标软测量模型。

2. 机理模型

(1)磨矿分级过程机理模型。

磨矿过程数学模型主要描述磨矿产品粒度与给料特性及操作条件之间的定量关系，用于磨矿设备的比例放大，以及磨矿分级回路的模拟、设计和控制方法的研究。

文献[36]利用统计学原理研究物料的破碎规律，提出了球磨机的解析模型，该模型确立描述破碎概率的选择函数和破碎产品粒度分布的破裂分布函数，并建立了微分－积分方程：

$$P_p(x)=\int_0^x \mathrm{d}P_{p-1}(x)+\int_{y=x\varphi}^{x_{\max}} B(x/y)\mathrm{d}P_{p-1}(y) \tag{1.2}$$

式中 $P_p(x)$——第 p 次粉磨破碎产物中粒径小于 x 的质量；

φ——不同粒径颗粒受粉碎作用的概率；

$B(x/y)$——粒径为 y 的颗粒被粉碎后生成粒径为 x 的颗粒质量。

文献[37]在文献[36]的基础上，推导出了如下的球磨机静态矩阵模型，该模型对于使用数学方法描述离散粉碎物料及粉碎过程具有重要意义。

$$\boldsymbol{P}=\boldsymbol{BSF}+(\boldsymbol{I}-\boldsymbol{S})\boldsymbol{F}=\{\boldsymbol{BS}+(\boldsymbol{I}-\boldsymbol{S})\}\boldsymbol{F}=\boldsymbol{XF} \tag{1.3}$$

式中 $\boldsymbol{P}$、$\boldsymbol{F}$——粉磨产物和原料粒度分布向量；

$\boldsymbol{S}$、$\boldsymbol{B}$——选择矩阵和破裂矩阵，与物料性质、破裂方式及设备工艺参数等有关；

$\boldsymbol{I}$、$\boldsymbol{X}$——单位矩阵和破碎矩阵。

1984 年，国内的盖国胜、陈炳辰认为不同粒级的颗粒被粉磨的选择函数随粉磨过程的进行是不断变化的，进而对选择矩阵 $\boldsymbol{S}$ 进行了修正，提出了如下动态矩阵模型，同时对式(1.4)用石灰石等矿物批次粉磨过程进行了计算机模拟和实验验证。

$$\boldsymbol{P}_p=[\prod_{i=1}^{p}\boldsymbol{X}_p]\cdot\boldsymbol{F} \tag{1.4}$$

以上各种建模的思想都是基于粉磨函数和破裂分布函数(BS 模型)，其相互间也存在着可以用数学演算进行相互转换的规律。迄今为止，在欧美一些国家对粉磨过程的研究基本上没有脱离 BS 模型框架。

结合 BS 模型的优点并考虑物料在球磨机内部运动特性及产品排出特性，盖国胜、陈炳辰曾根据化工原理中的混合扩散与传质原理建立了连续粉磨过程的传输—粉磨—排料模型，使给料、球磨机内状态和产品粒度分布之间建立了明确的数学关系。

BS 模型为了分析粉磨过程，引入了大量难以准确测定的选择函数和破裂分布函数，虽然在数学上达到了比较完善的程度，但由于缺少球磨机操作工艺参数，模型的应用受到了限制。

文献[40]提出将粉磨过程表示为一种连续的速率过程，磨矿时间越长则粒度减小越明显。假定粗颗粒(大于指定粒级)消失速度与这部分大颗粒占总体颗粒的质量分数成正比，可用如下模型来表示：

$$\frac{\mathrm{d}R}{\mathrm{d}t}=-kR \tag{1.5}$$

式中 R——经过时间 t 后粗颗粒的筛上累积产率；

t——磨矿时间；

k——比例系数。

考虑给料和产品的整个粒度分布时，式(1.5)可以用下式描述：

$$R_i(t)=R_i(0)\exp(-k_i t^{n_i}) \tag{1.6}$$

式中 i——给料和产品中划定的窄粒级数目，$i=1,2,\cdots,j$；

$R_i(0)$——给料中大于 i 粒级颗粒的累计比率；

$R_i(t)$——产品中大于 i 粒级颗粒的累计比率；

k_i——i 粒级颗粒的选择函数；

n_i——i 粒级颗粒的模型阶次。

文献[41]考虑到式(1.6)中的 k_i 和 n_i 应是颗粒粒度的函数，推导出了将物料粒度分布与动力学相结合的新的动力学模型。实验研究表明这种新的动力学模型不仅精度高，而且应用范围较广。

$$R_d=R_0\exp\left[-k(d)t^{m(d)}\right] \tag{1.7}$$

式中 $k(d)=C_0+C_1d^{X_1}$；

$m(d)=A_0+A_1d^{X_2}$；

C_0、C_1、A_0、A_1、X_1 和 X_2——待定系数，取决于被磨物料的性质和磨矿条件。

(2)浓密过程机理模型。

Burger 等对浓密机采用分区建模方法分析浓缩过程的工艺机理，给出了相关仿真图像。Kelly 提出了浓密机在其最大处理能力和负荷不足两种情况下的通量模型，根据所建立的模型确定浓密机的尺寸。Wilhelm 等认为连续浓密机可以根据以往的经验、半工业性连续试验结果或间断沉降试验进行设计。利用经验和半工业性操作数据设计工业规模浓密机是比较简单的，但是由于时间、资金的限制和可以获得的试样情况等原因，间断沉降试验是比较常用的方法。因此，许多研究人员通过间断试验和分析所得数据的方法进行浓密机的设计。为确定浓密机的沉降面积，Coe 和 Clevenger 进行了不同初始浓度的一系列间断试验，确定各个浓度时的固体处理能力，用最小的处理能力(所需要最大面积)来确定浓密机的尺寸。Kynch 于 1952 年提出了数学分析法，只做一次沉降试验就可以得到固体浓度和沉降速度的关系。Talmage 和 Fiteh 于 1955 年，Yoshioka 于 1955、1957 年，Diek 于 1972 年详述了这方面的工作，给出了设计浓密机的基本方法。许多公司也根据经验和不同的理论得出了其独有的设计方法。针对浓密机控制系统的数学建模，杨慧、陈述文提出通过浓密机给矿与排矿的动态平衡关系建立控制回路来控制底流浓度，其中底流浓度是给矿量与底流流量的函数。文献[48]设计了针对模型可知的浓密机的解耦控制器，但其建立的浓密模型的假设条件过多，具有很大的局限性。文献[49]针对相互影响关系是一阶惯性的并存在耦合关系的浓密机，设计了模糊控制器，但还是没有建立浓密过程的机理模型。文献[50]中提出浓密机的底流浓度是由物料在浓密机内的压缩时间和压缩层高度决定的，浓密机建成后，对于相对固定的生产工艺，压缩时间基本是固定的，影响底流浓度的因素是压缩层高度，认为可以通过控制浓密机底流量控制浓密机内的泥线高稳定底流浓度，而给药量根据泥线高度和底流浓度的变化控制。Fred Schoenbrunn 与 Tom Toronto 则提出采用专家控制系统实现浓密机的控制，并在内华达州的 Cortez Cold 项目中得到很好的应用，其中又提出对浓密机底流矿浆浓度采用先进的模糊控制。文献[52]具体分析了浓密机的工作机理，给出了浓密机的高度模型，在机理模型的基础上，将基于数据驱动的偏最小二乘方法(PLS)引入该慢时变系统建模中，分别利用基本 PLS 算法、经典的递推 PLS 算法以及自适应的折息块式递推 PLS 算法建立浓密机泥层高度的预测模型，但此文仅给出了浓密机高度的机理模型而没有给出具体的推导过程。

(3)浮选过程机理模型。

文献[20,53]将浮选过程矿粒成功浮出看作概率事件，建立了矿粒在浮选槽中成功浮出的概率模型。该模型可以用于分析任何一种回收机理，但浮选过程概率模型将基础的定律应用到具有复杂的固－液－气三相体系的连续浮选过程，只能采用结果不很确切的近似法，而且在最终的等式中可能含有难以计算的过程参数；此外，虽然概率模型对于研究浮选过程是最有前途的，但由于对于气泡矿化机理和颗粒－气泡碰撞机理的研究尚未成熟，概率模型还难以实际应用。

在众多浮选数学模型中，动力学模型就是从浮选过程“速度过程”这一角度出发，研究和揭示浮选速率的规律性，分析各种影响因素。其中应用最为普遍的是单相动力学模型和多相动力学模型。

文献[54]首次从动力学角度提出了浮选过程一阶动力学模型。文献[55]采用分批浮选过程生产数据，利用统计学原理对浮选动力学模型进行了仿真研究，结果表明了该方法的有效性。文献[56]在回顾浮选过程动力学浮选速率常数的基础上，采用三种方法分别对浮选速率常数进行检验，对比分析结果表明了所提方法的有效性。文献[57]在假设泡沫相与矿浆相之间存在一界面，利用在不同的泡沫层深度获得的工业数据，分析了泡沫相对气泡表面通量与浮选速率常数关系的影响。文献[58]研究了泡沫层厚度对浮选速率常数的影响。文献[59-60]针对浮选动力学模型中相关参数难以辨识的问题，分析了浮选槽中粒子夹带行为及其对浮选过程性能指标的影响。文献[61]回顾了非稳态浮选过程动力学模型研究，在分析浮选过程泡沫层厚度与浮选速率常数关系的基础上，指出浮选矿物粒子在泡沫相中停留时间较短时，浮选速率常数会显著增加。文献[62]针对一阶动力学模型中浮选速率常数与浮选影响因素之间的特殊关系，研究浮选因素与浮选速率之间的动态关系，采用浮选闭环回路作为仿真对象，仿真结果表明了所建立模型的合理性。

与单相浮选模型一样，两相模型也有 n 级反应速度，但这种模型更为复杂，求解更为困难。此外，有些研究根据两相模型提出了浮选过程三相模型(两个泡沫相和一个矿浆相，或者一个泡沫相和两个矿浆相)，以及多相模型等。文献[63]提出了浮选过程两相动力学模型。文献[64]研究了两相动力学模型中气泡运动的动力学模型。文献[65]回顾了浮选过程动力学模型研究现状，提出了浮选过程三相动力学模型。但是随着浮选过程相数的增多，其机理分析和微分方程呈级数增加，使得模型的分析和求解更加困难。目前为止这些模型中许多参数还难以定量确定，仅用于解释和说明一些浮选行为，难以实际应用。

此外，众多的研究人员针对具体的浮选过程，力求从浮选工艺机理和物料平衡的角度来建立浮选过程数学模型。文献[66]针对铜矿浮选粗选过程，从过程的生产工艺和关系出发，建立了浮选过程非线性动态模型，用以设计和验证浮选过程控制策略，仿真研究结果表明，该模型能够模拟实际的仿真效果。文献[67]利用实验室浮选机实际数据建立了模拟浮选过程的稳态线性模型，该模型描述了浮选过程控制变量和操作变量之间的关系，仿真结果表明了该模型的有效性。文献[68]研究了浮选柱生产过程浮选液位、进气流量和给矿偏差的动态数学模型，用以实现对浮选液位、进气流量和给矿偏差的控制，仿真实验结果表明了该模型的有效性。文献[69]建立了基于一阶动力学和神经网络的浮选柱生产过程混合模型，仿真研究结果表明，该混合模型能够反映精矿品位和回收率与捕收剂浓度、矿浆粒度、进气流量和泡沫直径的作用关系。浮选泡沫能够反映和表示浮选效果，对于研究浮选过程具有重要作用和意义，众多人员对此进行了深入研究。文献[70]针对具有液一气相的泡沫浮选过程，研究了浮选过程动力学模型。文献[71]模拟研究了泡沫冲洗对浮选过程性能指标的影响。文献[72]从流体力学角度出发，研究了泡沫流体力学和泡沫停留时间，泡沫中水的停留时间和精矿品位之间的相互关系，说明泡沫可以作为浮选过程数学模型研究的基础。

药剂在浮选过程中扮演着重要角色，通过添加相应的浮选药剂，可以显著增加或者降低某种矿物的可浮选，促进或降低浮选行为的发生，为浮选过程有效分选创造适宜条件。文献[73]利用浮选药剂改善矿物表面可浮性的特点，分析了药剂的作用机理，建立了矿物表面药剂分布模型。文献[74]利用捕收剂和起泡剂对浮选过程的动态特性，建立了浮选药剂在浮选槽中的药剂分布模型，指出了药剂分布对于优化浮选过程具有重要意义。

以上对于浮选过程机理模型化、仿真化的研究为认识浮选过程操作运行机理奠定了理论基础，对浮选过程的设计提供了一定的指导，但仅限于实验研究和数值模拟，还没有能够从模拟实验阶段发展到对实际浮选过程的建模与控制优化应用。目前对浮选过程的研究已成为热点，这一工作对于促进浮选过程建模与控制的研究具有重要意义。

由于浮选过程的机理建模比较复杂，上述建立的机理模型只是近似或者部分模型，并且由于模型过于简化，误差较大，难以直接用于实际生产过程的控制。

1.2.3 混合选别过程关键工艺指标检测技术

混合选别过程关键工艺指标检测技术是了解和控制混合选别全流程的重要手段，检测的目的是对工艺过程获得的定量结果进行数学上的表征，为控制生产过程提供可靠的依据。混合选别过程的检测主要包括给矿浓度检测、给矿流量检测、浮选机液位检测、充气压力、矿浆 pH 值检测、设备电流检测以及精矿品位和尾矿品位检测。其中浓度、流量、液位、温度、压力、电流的检测可以通过采用常规的检测仪表实现在线测量，但精矿品位和尾矿品位难以实现在线检测，一直是困扰浮选过程控制的主要问题。

在线分析仪能够快速、连续地监视物料的组分、品位、粒度和浓度信息，反映产品质量的变化，在稳定生产性能指标和提高经济效益上有显著的作用，因此一直是国际上研究和应用的重点。

1967 年，芬兰 Outokumpu 公司成功研制 Courier300 大型矿浆载流 X 射线荧光品位分析仪。该仪器采用波长色散法，以大功率 X 射线管为激发源，激发后产生的试样特征谱线经晶体分光后进入探测品，通过一次矿浆取样后的 14 个流道的矿浆送到分析室，然后，由位于分析室的谱仪测量探头移动对各自的样品进行分析。1980 年，采用低功率 X 射线管和矿浆多路转换器开发了 Courier30 分析仪，可同时分析 5 个流道的矿浆品位。1992 年，对 Courier30 进行性能提升，并将测量流道扩充到 12 个，推出了 Courier 30AP 型分析仪。1995 年，在 Courier 30AP 的基础上，将测量流道扩充到 24 个，推出了 Courier 30XP 分析仪。1999 年和 2001 年 Courier 3SL 紧凑型分析仪和 Courier 6SL 高性能分析仪相继问世。

1968 年，澳大利亚 Amdel 公司成功开发 ISA 矿浆载流 X 射线荧光品位分析仪。该仪器以放射性同位素作为激发源，矿浆受激发后产生的试样特征谱线直接进入探测器进行能谱分析，属于能量色散法。1980 年推出固态探头，采用锂漂移硅探测器，在液氮冷却的低温环境下工作，具有很高的灵敏度和分辨率，并能由一个探测器同时进行 8 种元素加矿浆浓度的分析。1992 年推出了 MSA 多流道载流分析仪。1993 年推出新一代 OLA－100r 射线载流荧光分析仪。

1984年,美国丹佛公司推出XRA矿浆载流分析仪。该仪器通过矿浆多路转换器进行矿浆二次取样,采用基于小功率X射线管和本征探测器的能量色散法,在探头附近设有带微处理器的电子模块,独立进行探头分析数据处理运算并就地显示分析结果。其不足之处是一台分析仪可以分析的最大流道数量为6个。

文献[76]详细介绍了芬兰奥托昆普公司生产的库里厄系列Courier 6SL分析仪的工作原理、配置和功能,指出将Courier 6SL分析仪应用于我国云南驰宏锌锗股份有限公司会泽采选厂,在保证精矿回收率的前提下,最大限度地提高精矿品位,获取最大利润。文献[77]介绍了澳大利亚阿姆德尔公司多流道载流分析仪MSA的工作原理和功能,并对该设备与荷兰奥托昆普公司的Courier分析仪的使用情况进行了对比分析。文献[78]介绍了采用库里厄30型X荧光分析仪在凡口铅锌矿的应用,操作人员利用X荧光分析仪测量数据对生产过程进行调整,稳定了产品质量,提高了金属回收率。文献[79]介绍了BYF100－Ⅲ型载流X射线荧光分析仪在厂坝铅锌矿的应用情况。

由于在线分析仪设备价格昂贵,且维护费用高,难以适用于国内选矿厂恶劣的生产环境。目前国内的精矿品位不能直接在线检测,该指标的获取基本上采用取样法,该方法取样时间长。

近年来,针对精矿品位和尾矿品位在线测量难的问题,国内外专家开展了大量的研究工作,提出了许多基于智能方法的软测量建模技术,包括基于回归分析的方法、人工神经网络的方法和支持向量机的方法,这些方法对浮选过程经济技术指标软测量方法的研究具有一定参考价值。

文献[81]通过大量反浮选试验,采用正交实验建立了某赤铁矿的药剂用量与精矿品位、生产率之间的回归分析软测量模型,主要用于浮选加药量的优化选择和控制。

文献[82]针对浮选过程具有多变量耦合的特点,难以采用单一回归方法建立精矿品位软测量模型的问题,采用主元分析方法对高维数据映射到低维特征空间,消除冗余数据并保留特征空间中主元变量,对软测量模型的输入变量进行降维处理。文献[83]利用主元分析法对所测量的30个与浮选精矿品位有关的工艺变量进行降维处理,消除干扰变量,最后得到5个主元变量,并将其应用到智利的安迪那铜选厂浮选过程中,分别运用非线性ARMAX法、T－S法、模糊组合法、偏最小二乘回归分析法及小波分析方法等建立黄铜精矿品位软测量模型,仿真实验结果表明,基于偏最小二乘回归分析法所构建的模型精度最高。文献[84]针对浮选精矿品位的辅助变量之间存在相关性这一特点,采用偏最小二乘回归分析法建立某铜选厂浮选精矿品位软测量模型,以浮选给矿浓度、给矿流量、矿浆 pH 值和充气量等 13 个工艺参数为辅助变量、利用递归指数偏最小二乘回归分析法构造出铜矿精矿品位和回收率的软测量模型,仿真结果证明该方法明显优于递归最小二乘回归分析法。

目前浮选精矿品位和尾矿品位的软测量模型主要用于实验室仿真,还没有真正用于指导生产,因此,建立工艺指标在线软测量模型成为目前面临的主要问题。

1.3 混合选别过程控制研究现状

混合选别过程工艺机理复杂,影响因素众多,实现混合选别过程高效稳定运行,提高精矿品位和金属回收率等工艺技术指标,从而获得最佳的经济效益,一直是混合选别过程研究的热点。其控制目标是将精矿品位和尾矿品位控制在一定的工艺范围内,并尽可能提高精矿品位、降低尾矿品位,同时,使得可控生产边界条件如浓密过程底流矿浆浓度和流量在工艺规定的范围内。

文献[86]针对选矿过程主要生产过程,概述了选矿过程的控制、建模与仿真研究,指出选矿过程控制是一项非常复杂和系统的工程,单一方法难以实现过程的优化控制。文献[87]针对选矿厂浮选过程控制问题,从控制系统、载流分析仪、控制策略等方面介绍了实现浮选过程控制的方法和策略。文献[88]详细介绍了浮选设备的设计、建模和控制,指出过程检测测试设备和控制方面的进步为更有效的提高选矿指标和节约运行成本创造了条件。

文献[3,89-91]描述浮选过程控制主要由互相关联的优化控制层、过程控制层和仪表检测层组成。其结构如图 1.4 所示。

其中控制系统最底层的仪表检测层是所有过程控制的基础,仪表系统的设计、选型及维护对于任一控制系统来说都是至关重要的;过程控制层主要是保证过程变量跟踪其设定值,对于混合选别过程而言,其过程变量主要包括浮选给矿矿浆流量、浮选机矿浆液位以及浮选药剂添加量,目前通常采用传统的单输入单输出比例积分微分(SISO－PID)控制策略来实现上述回路的自动控制;优化控制层主要考虑在边界条件变化及大而频繁的干扰产生时,保证性能指标(精矿品位和金属回收率)处于优化状态,优化控制层的目标是通过获得尽可能高的精矿品位和金属回收率来实现全厂经济效益最大化,该目标是通过调整底层回路的设定值来实现的。

浮选过程控制研究主要包括两方面,一是浮选过程基础回路的过程控制研

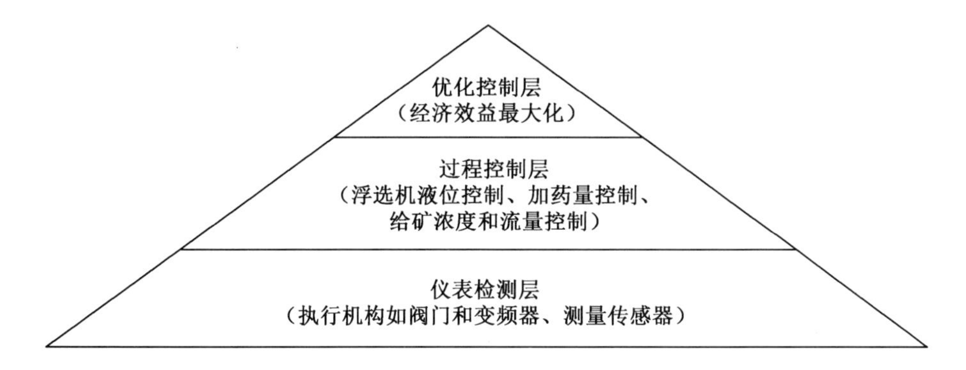

图 1.4 浮选过程控制系统层次结构图

究，二是浮选过程工艺技术指标的优化控制研究，即浮选过程运行控制研究。基础回路控制就是针对浮选过程矿浆浓度、矿浆流量、浮选液位、进气流量、矿浆pH 值、空气压力、浮选药剂等过程控制，采用先进的控制策略，保证控制回路的实际检测值稳定跟踪设定值，实现过程的稳定控制；运行控制就是根据浮选过程工艺设定的工艺技术指标，在浮选过程给矿的性质和边界条件变化的情况下，控制相关浮选液位、进气流量、矿浆 pH 值、浮选药剂等操作变量，使得实际工艺技术指标满足或符合工艺技术要求，实现工艺技术指标的优化控制。

Stenlend 和 Medvedev、Kämpjärvi 和 Jämsä-Jounela，以及 Carr 等人提出对于浮选机矿浆液位普遍采用单输入单输出比例积分（SISO－PI）控制方法，使得液位跟踪其设定值。文献[1]考虑到浮选机入口矿浆流量的频繁变化，在反馈PI 控制的基础上增加了前馈控制算法。上述控制方法对于独立单槽浮选机是有效的，通过调整浮选机出口阀门的开度，保证浮选机液位的稳定。但在实际生产过程中，普遍采用多台浮选机串联的方式，上游浮选机的输出流量是下游浮选机的输入流量，上游阀门开度变化都会引起下游浮选机入口流量的波动，相邻浮选机相互之间存在严重耦合现象，采用上述针对独立单槽浮选机的控制策略难以保证多级串联浮选机矿浆液位的稳定。

对于多级串联浮选槽普遍采用基于模型的多变量控制方法，文献[93]提出了两种多变量控制方法。第一种是使用多变量解耦控制与前馈补偿相结合的控制策略，针对多级串联浮选机液位的非线性模型设计解耦控制器，同时对上游浮选机输出的矿浆流量变化进行前馈补偿，该方法结构简单，易于实现，但过分依赖模型精度，一旦过程参数发生变化时，则会大大降低其控制性能；第二种是基于模型的多变量反馈控制策略，使用线性二次型多变量控制器调节每一个浮选机矿浆流出量，使得性能指标函数最小，由于该方法采用反馈控制结构，系统的鲁棒性明显优于多变量解耦控制方法，但该方法算法复杂，难以在工业生产过程的可编程逻辑控制器(PLC)控制系统中实现。文献[96]提出了一种与文献[93]相似的前馈补偿算法。

Wills 和 Napier-Munn 等人提出浮选加气量的控制对于浮选过程是重要的有效的控制方式，认为浮选过程对于浮选加气量变化的响应快于浮选机矿浆液位的变化。

文献[97]描述了由 Mestro 开发的基于机器视觉的控制系统在印度尼西亚 PT Freeport 的应用情况，该控制系统主要是根据测量得到的浮选泡沫的流速调整浮选机的矿浆液位，保证浮选过程获得期望的产量。

选别浓密过程是将选别后的精矿矿浆进行浓密处理，使其底流矿浆浓度达到工艺确定的目标值范围内。该过程是以底流矿浆泵转速为输入，以矿浆流量为内环输出，以矿浆浓度为外环输出的串级非线性被控过程。由于底流矿浆流量与矿浆浓度具有强非线性，并难以建立数学模型，因此如何实现矿浆浓度控制成为研究热点。文献[13]针对美国某金矿单一选别浓密过程，以矿浆泵转速为输入，以底流矿浆流量为内环输出，以底流矿浆浓度为外环输出，采用串级控制策略，外环采用专家系统的控制方法，实现底流矿浆浓度的定值控制。文献[100]针对铜矿单一选别浓密过程，外环采用模糊控制方法。文献[101]针对铝土矿单一选别浓密过程，外环采用规则推理控制方法。上述控制方法主要针对各个流程的精矿或者尾矿进行浓密处理，目的是获得较高的底流矿浆浓度和澄清的溢流水，而不考虑底流矿浆流量的变化，因此难以应用于混合选别浓密过程。

1.4 案例推理在工业过程控制中应用的研究现状

案例推理是利用过去经验中的特定知识即具体案例来解释和解决新问题，案例推理技术可以效仿人的经验与领域知识进行推理，通过搜索案例库中的同类案例的求解，从而获得当前问题的解决方法。案例推理技术可以利用完备的案例库和学习规则，从而避免人工操作的主观性和随意性，同时，操作员的经验与知识为智能系统的开发提供了良好的品质模型，使得案例推理技术逐渐成为复杂工业过程控制的有效工具。

文献[104]针对具有非线性、参数时变、难以建立数学模型等综合复杂特性的热轧层流冷却过程，采用案例推理技术建立了层流冷却过程边界条件如带钢的硬度等级、带钢厚度以及带钢进入冷却区的表面温度和速度与模型参数之间的模型，从而确定层流冷却过程的动态模型，并利用这一模型预测整个冷却过程带钢的温度变化过程，通过某钢铁公司热轧层流冷却过程实际数据的实验，表明随着边界条件的变化能够动态改变模型参数，提高了层流冷却过程的带钢温度预报精度。文献[105]针对热轧带钢层流冷却过程缺少对卷取温度的直接反馈机制的问题，难以将卷取温度控制在一定范围内，建立了基于被控对象机理模型与案例推理智能技术的层流冷却混合智能控制策略，能够及时、自动调整喷水集管阀门开启总数的设定值，最终将实际卷取温度控制在工艺要求的范围内。

文献[106]为了解决在生料预分解过程中存在的由于生料边界条件频繁变化，致使产品质量指标难以满足工艺要求的问题，提出一种基于案例推理的智能优化设定方法，以生料中氧化钙含量、氧化铁含量、二氧化硅含量、三氧化二铝含量、生料粒度和生料流量作为案例推理的输入变量，以生料分解率目标值作为案例推理的输出变量，并将该方法应用于酒钢宏达水泥生料分解过程，应用结果表明能够将生料分解率稳定在工艺规定的范围内。

文献[107]针对稀土萃取分离生产过程组分含量难以在线检测及难以实现自动控制的特点，从分析稀土萃取分离过程机理出发，提出了基于案例推理的稀土萃取生产过程优化设定控制方法，将稀土萃取过程的控制问题转化为案例的调整、修正和案例库的更新和增删过程，并将该方法应用于某公司 HAB 双溶剂萃取提钇分离过程，实现了萃取分离生产过程的优化控制和优化运行。

文献[108]采用案例推理技术设计了竖炉焙烧过程的容错控制器。以故障工况类型、控制回路输出值、鼓风机频率、加热煤气阀门开度、炉顶废气温度、炉体内部负压、煤气、加热空气压力及边界条件等作为案例推理系统的输入，以燃烧室温度设定值、还原煤气流量设定值、搬出时间设定值作为系统的输出，包括案例检索、案例重用、案例修正和案例储存几个步骤完成案例推理。当工况条件发生变化时，案例推理系统能及时动态改变燃烧室温度设定值、还原煤气流量设定值、搬出时间设定值。

综上所述，案例推理技术无论是在工业过程建模，还是在容错控制、故障诊断上都有较好的应用前景，特别适用于无法建立精确的数学模型，而人工操作经验知识较丰富的复杂工业过程，无须太多的领域知识，只要通过收集以往的案例就可以获取知识，从而避开了“知识获取瓶颈”的问题。

在实际工业过程中，由于过程对象工艺机理复杂，影响因素众多，具有强非线性等复杂动态特性，难以采用已有的基于被控对象数学模型的控制方法，主要依靠人工手动控制。在实际生产过程中，操作人员长期积累的大量生产数据和丰富的生产经验知识，为采用规则推理和案例推理实现上述过程的智能控制提供了宝贵的专家经验知识。

1.5 规则推理在工业过程控制中应用的研究现状

以专家系统为代表的人工智能(AI)控制在工业过程控制中占有很大比重。在20世纪60年代初期，以美国麻省理工学院和斯坦福大学为代表的一大批研究团队开始了专家系统(ES)的研究，之后将基于规则推理的专家系统在医疗、农业、航天、商业等领域得到广泛应用，取得了一定的应用成果。70年代以后，专家系统技术逐渐得到突破，开始用于控制工程中。此时应用的专家系统主要集中在离线系统，包括计算机辅助控制设计、仿真研究、故障诊断、监控维护、决策支持等。上述应用是传统的专家系统技术，仅仅具有知识描述和推理能力，一般包括知识库、数据库、推理机制、解释机制、人机接口和知识获取等部分。随着专家系统在工业过程控制应用的深入研究，开发了更加关注实时操作、推理和决策的专家控制系统(ECS)。近20年来，大量的专家学者在ECS在线控制方面做了大量的研究和应用，目前ECS在工业过程控制中主要集中在专家优化管理系统、专家混合控制系统和专家直接实时控制系统。

(1)专家优化管理系统。

专家控制系统在自适应控制器设计中主要用于调节控制器的参数和模型切换。文献[118]列举了该类系统早期成功应用的Foxboro的EXACT，该系统在传统的PID控制基础上，根据PI控制器期望的暂态稳定和超调性能指标调节自适应控制器。根据误差控制信号在线识别，并采用If…Then…，Else…的启发式规则调整PID控制参数来获得高精度的控制性能。文中给出了该控制器的框图，如图1.5所示。

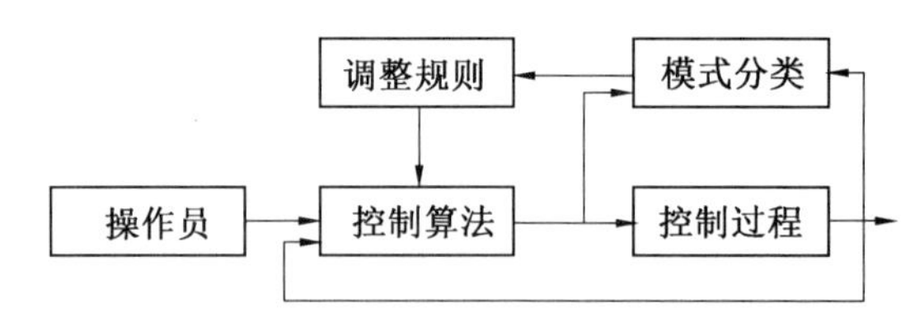

图1.5　基于规则的自动调整的控制器框图

自适应控制器除了控制参数的调整，还包括控制算法的切换。1992年，Åström在文献[119]中提到智能PID控制器的发展，明确提出了不仅包括控制器参数的调整，还包括控制算法P、PI、PD、PID的调整。目前该类控制器已经不仅仅局限于PID算法，文献[120]采用模糊规则仿真网络(fuzzy rules emulated network，FREN）控制算法，由经验设定初始参数，控制器参数根据目标函数式(1.8)来调整。

$$\xi(k)=(r(k)-y(k))/2 \tag{1.8}$$

式中 $\xi(k)$——目标函数；

$r(k)$——参考输入；

$y(k)$——过程检测值。

多模型是目前建模和控制中比较热门的一个领域，尤其对于具有强非线性、工况复杂的系统。文献[121-122]较完整地阐述了专家模型及切换思想，文献[123-124]介绍了采用专家规则的方法实现多模型的控制实例。

(2)专家优化管理系统。

专家优化管理系统包括系统管理及目标优化、故障诊断及紧急情况处理、控制决策等功能。其一般由基础控制和优化管理两部分组成，基础控制实现基本的回路控制功能，优化管理包括基于规则的专家知识、推理系统和在线性能指标监控及故障工况分析。综合文献[128-129]针对该类系统的应用分析情况，专家监督优化管理系统具有如图1.6所示的结构框图。

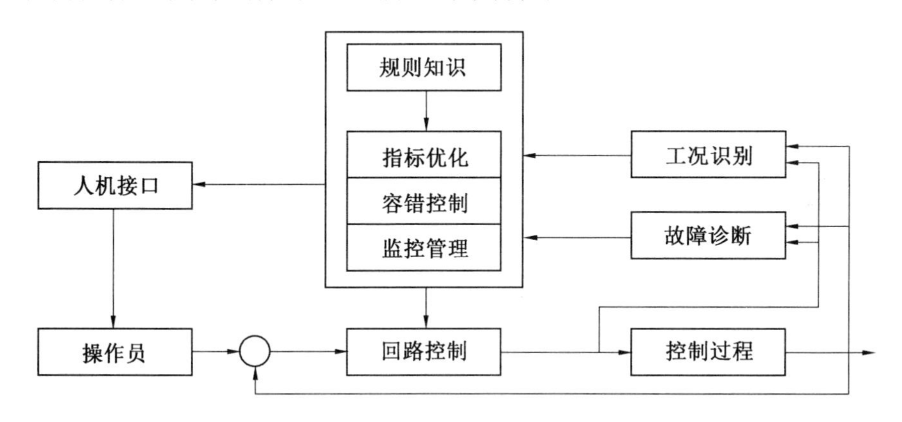

图1.6 专家监督优化管理系统框图

(3)专家混合控制系统。

专家混合控制系统使用多层启发式结构，并综合使用了专家系统、模式识别、模糊规则、神经网络等多种技术。文献[130]针对污水组分、浓度和流速具有时变特性的污水处理过程，为实现其动态过程控制，设计了基于专家规则的控制系统，并综合其他的AI技术来弥补专家系统的不足，图1.7为所提出的应用框图。其中，神经网络系统的训练数据来自于仿真系统，仿真系统通过专家系统来控制。控制过程为：专家系统生成一个生化需氧量（biochemical oxygen demand,BOD)的目标值,将该值送给神经网络产生一个泥浆循环率,如果该结果不能满足标准条件,比如 BOD 浓度高,那么专家系统产生一个新的 BOD 值,重复上述过程,直到满足过程的标准条件。

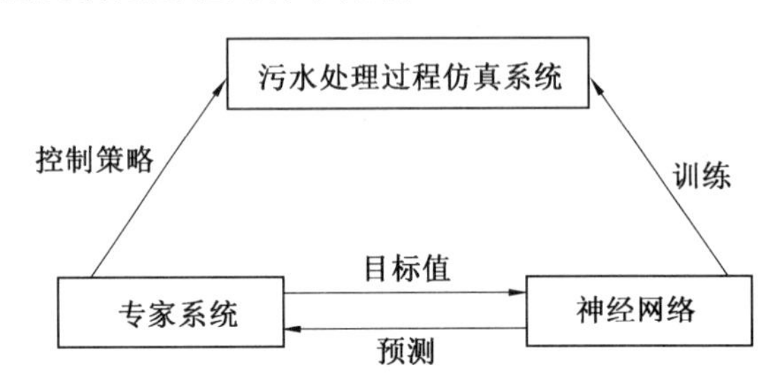

图 1.7 污水处理控制的专家混合控制系统应用框图

另外,综合过程优化系统(IPS)的设计,为了满足一定的工艺目标要求,需要多种技术和方法的混合应用。文献[123]提到了在过程控制中针对系统处于工艺规范的范围内、溢出了规范范围和远离了规范范围需要采用不同技术。系统工作在工艺规范的空间内,采用基础控制级相关技术,比如 PID 或神经网络控制;当系统的工作状态不在规范范围内,但在可以接受的空间内,一般需要采用自适应技术,比如自动调节和优化学习技术等;当系统远离了初始设定的规范范围,甚至是由系统错误引起的,就需要故障诊断和容错技术。同时文中提出了复杂系统在不同的环境下,能够实现系统正常的操作运行,以及基于黑板技术和 IPS 框架的综合优化管理系统 BBIPS 架构,如图 1.8 所示。

(4)专家直接实时控制系统。

上述专家控制系统并不参与回路级控制,文献[135]给出了专家直接实时控制系统框图,如图 1.9 所示。文献[136]详细介绍了一个专家直接实时控制的软、硬件结构,综合考虑了动态数据库、推理机制、信息预处理、解释器、控制算法集、数据通信接口和人机接口等许多问题,并给出了仿真应用效果。

在专家系统中,知识的使用、表达和获取方法涉及许多工作,其中知识的获取是最重要和最迫切的瓶颈问题。一般的知识获取的方式有三种:①最早的知识获取主要依靠人工方式,通过与该领域专家见面、交谈、举行会议等方式;②依靠软件工具或者指定的用户界面辅助获取过程,半自动获取专家知识的方式;③通过机器学习的方法从过程数据中自动获取专家知识的方式。

文献[138]采用第一种方法针对金融决策知识的获取过程如下:①会见金融和银行的专家和学者,并从文献中识别相关的金融事件和必需的汇率;②草案分析(原型)发现专家评价企业健康的问题的行为过程,使用 problem behavior

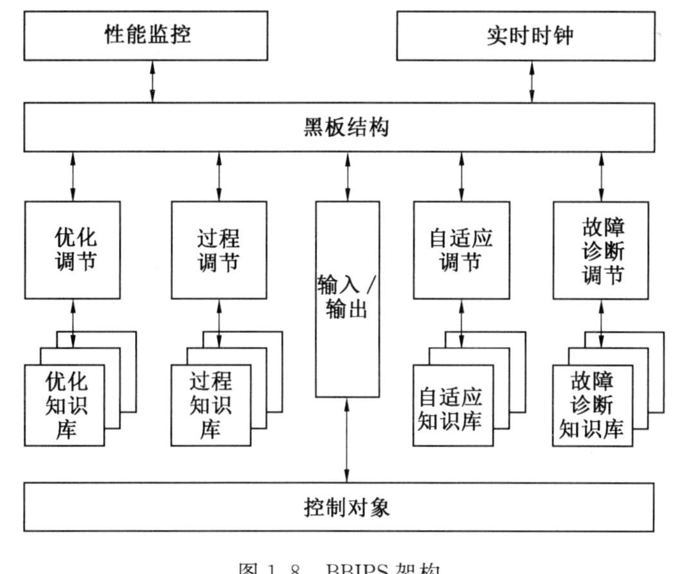

图 1.8 BBIPS 架构

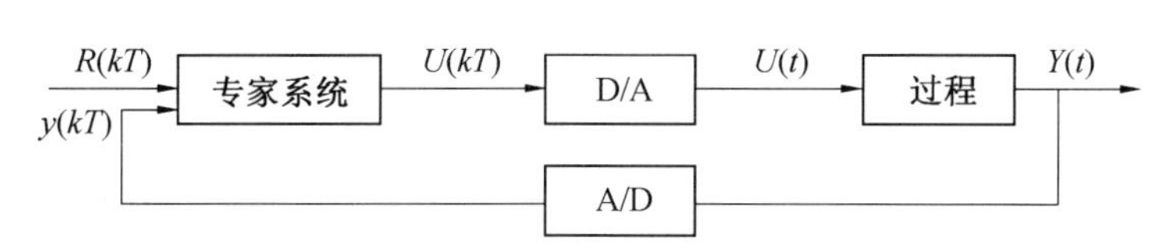

图 1.9 专家直接实时控制系统框图

gragh(PBG)来精确表达专家解决策略;③用所获取的策略知识建立解决问题的标准框架和知识模型。

完全依靠人工方式获取知识存在明显不足,不仅需要专家和知识工程师准备充分,而且只能获取静态的知识,因此,提出了许多知识获取的方法和工具,用来帮助专家获取有用的知识。其中比较常用的方法是凯利根据人如何感知世界提出的“方格技术”来获取有效的知识。文献[139]提到利用上述技术的 NeoETS、AQUINS、EMCUD、KADS 等工具用于迅速建立知识的原型并提取领域知识。

近年来,采用机器学习的方法直接从过程数据信息中提取规则的方法得到迅速发展,包括遗传算法、聚类分析等。文献[140]中采用两种遗传算法分别用于建立决策树结构和规则的提炼;文献[141]采用聚类分析的方法直接获取和提炼规则。文献[142]采用规则原型和基于评价指标的方法获取避免冲压过程皱纹和凸起的优化控制规则。

在实际工业过程中，由于混合选别过程对象工艺机理复杂，具有强非线性复杂动态特性，难以采用已有的控制方法，主要依靠人工控制。但是操作人员和工艺工程师在长期的生产实践中积累了大量生产数据和专家经验知识，为采用基于规则推理实现上述过程的智能控制提供了宝贵的专家经验知识。本书获取混合选别过程长期生产实践积累的运行经验，采用基于规则推理方法实现该过程的智能控制。

1.6 本书主要内容

本书依托国家科技支撑计划“选矿全流程先进控制技术”（编号：2012BAF19G01），结合酒钢选矿厂“赤铁矿提质降杂改造工程”项目，将运行指标精矿品位和尾矿品位控制在目标值范围内，尽可能提高精矿品位和降低尾矿品位，开展了赤铁矿混合选别全流程智能控制系统的研究，提出了赤铁矿混合选别全流程智能控制方法，设计了控制系统软、硬件结构，研制了实现上述控制方法的智能控制系统软件，在此基础上，将该控制系统成功应用于酒钢选矿厂赤铁矿混合选别生产过程，取得了显著的应用效果。本书的主要工作如下。

（1）针对混合选别全流程所具有的综合复杂性，提出了将精矿品位和尾矿品位控制在目标值范围内的混合智能运行控制方法，运行控制方法由上层浮选机矿浆液位设定和下层浮选机矿浆液位跟踪控制两层结构组成。智能运行控制上层矿浆液位设定控制由基于案例推理的预设定模型、基于规则推理的前馈补偿模型和反馈补偿模型以及基于主元分析与极限学习机（PCA－ELM）的运行指标预报模型组成。智能运行控制下层矿浆液位跟踪控制针对多级串联浮选机液位系统这一多变量、强耦合、参数不确定的非线性工业过程，提出基于自适应模糊神经网络（ANFIS）的非线性自适应解耦控制策略，该自适应解耦控制器是由线性自适应解耦控制器、非线性自适应解耦控制器和切换机制组成。线性自适应解耦控制器可以保证闭环系统的输入输出稳定，非线性自适应解耦控制器可以提高系统的暂态性能，通过上述两种控制器的切换，在保证闭环系统稳定的同时改善系统的控制性能。

（2）针对混合选别全流程中的浓密过程是一类受到大而频繁的随机干扰且难以建立数学模型的强非线性串级过程，将模糊控制、规则推理、切换控制和串级控制相结合，提出了浓密机矿浆浓度和矿浆流量区间串级控制结构以及基于静态模型的流量预设定、模糊推理流量设定补偿、流量设定保持和规则推理切换机制组成的流量设定智能切换控制算法。其中，矿浆流量预设定根据流量静态模型，产生矿浆流量初始设定值；流量设定补偿模型根据矿浆浓度偏差和流量偏差对流量设定值进行补偿；切换机制对浓密过程工况进行识别，在流量设定保持器和补偿器之间进行切换，从而将浮选给矿浓度和给矿流量及其变化率的波动控制在目标值范围内。

(3)根据赤铁矿混合选别过程的工艺特点及设备流程，设计了控制系统软、硬件平台，在此基础上，采用所提出的混合选别过程智能控制方法研制了智能控制系统软件，该软件包括混合选别全流程智能运行控制软件，混合选别浓密过程底流矿浆浓度和流量区间智能切换控制软件、混合选别全流程过程控制软件和系统监控软件，其中运行控制软件由浮选机矿浆液位设定控制软件和浮选机矿浆液位跟踪控制软件组成。

(4)将研制的赤铁矿混合选别过程智能控制系统应用于某选矿厂实际生产过程，并与人工手动控制方式进行了对比实验。其中智能运行控制方法与人工控制相比，精矿品位提高了 0.31 个百分点，尾矿品位降低了 2.18 个百分点；对于浮选机矿浆液位控制方法与人工控制方式，进行了改变矿浆液位设定值和当给矿流量扰动变化两种工业对比实验，实验结果表明自适应解耦控制方法控制效果明显优于人工手动控制方式，浮选机矿浆液位能够快速地跟踪其设定值，大大降低了浮选机“冒槽”等生产事故的发生；对于浓密过程底流矿浆浓度和矿浆流量区间控制方法与人工手动控制方式，进行了当扰动大而频繁随机变化时的工业对比试验，本书所提的方法能够将底流矿浆浓度和矿浆流量及其变化率的波动均控制在工艺规定的范围内。长期工业应用结果表明，与人工控制方式比较，精矿品位提高了 0.13 个百分点，尾矿品位降低了 1.56 个百分点，取得了显著的应用效果。

第2章　赤铁矿混合选别全流程控制问题描述

本章详细介绍赤铁矿混合全流程的设备组成、工艺流程、运行指标及控制目标、动态特性等内容，并分析该过程控制难点、控制现状以及存在的问题。上述分析是更好地实现混合选别过程控制和运行指标控制的基础；对于进一步研究混合过程的智能控制方法具有重要意义。

2.1　混合选别全流程的设备组成与工艺流程

随着钢铁工业的快速发展，国内外的钢铁企业都在遵从精料方针，以便于提高炼铁的效益和效率。精料方针不仅要求较高的铁精粉品位，而且要求铁精粉中杂质含量尽可能低。我国赤铁矿矿石品位低、杂质含量高、嵌布粒度细、可选性差，使用传统的磨矿一磁选的选矿工艺，难以有效去除杂质而获得较高的精矿品位。对于上述选矿难题，目前普遍在磁选之后采用由再磨、浓密和浮选组成的混合选别全流程，以有效提高精矿品位，降低杂质含量，显著改善最终精矿的质量。

混合选别全流程的目的是通过再磨过程确保浮选过程入口矿浆颗粒的粒度，通过浓密过程保证浮选给矿浓度和给矿流量在其工艺规定的范围内，进而通过浮选过程获得精矿品位和尾矿品位均满足工艺要求的精矿和尾矿。本书结合实际应用对象酒钢选矿厂混合选别生产流程，介绍赤铁矿混合选别全流程的工艺过程。该系统主要设备包括球磨机、水利旋流器、浓密机、浮选机、鼓风机、旋流器给矿泵池、中矿泵池、精矿泵池以及相应的检测仪表和阀门等执行结构等，其过程工艺流程图如图2.1所示。

磁选精矿矿浆输送到再磨工序的旋流器给矿泵池，泵池中的矿浆通过矿浆泵的提升作用送入水利旋流器中，矿浆在水利旋流器内进行分级，粗颗粒矿浆由旋流器沉砂口排出自流进入球磨机中进行研磨，而细颗粒的矿浆溢流口排出输送到浓密工序。球磨机是再磨工序的主要设备，其在电机的带动下，按照一定的转速进行旋转，钢球由于惯性离心力的作用贴附在球磨机筒体内壁的衬板表面上，随筒体旋转并挨着筒壁不断地上升，此时钢球的势能也不断增加，当钢球上升到一定高度后，由于其本身的重力作用而脱离衬板表面并按照抛物线的轨迹向前落下，抛射出的钢球与球磨机衬板及其他的钢球碰撞，从而将物料击碎。同时，除了钢球的抛落运动外还有钢球的滚动作用，钢球之间相互挤压、相互夹带，被其他钢球带动起来做泻落式运动，它们之间不停的研磨剥削作用将钢球壁上的这些原矿粉碎磨细。通过再磨工序对磁选精矿矿浆进行再次研磨，从而保证浮选工序的入料粒度。即使矿石颗粒已单体解离，但其粒度过粗而超过气泡的浮载能力，也会导致矿石颗粒无法上浮，影响最终的浮选选别效果。

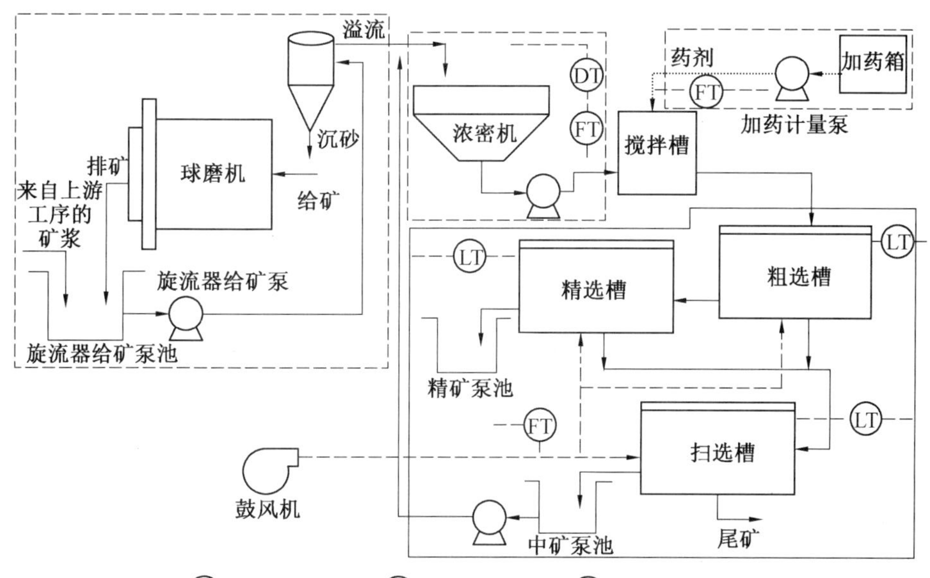

图 2.1 混合选别全流程工艺流程图

磁选精矿矿浆经再磨工序研磨处理后，得到的浓度相对较低的矿浆被输送到静态混合器，在静态混合器内与絮凝剂充分混合后自流入浓密机内，浓密机耙子呈规律性圆周运动以保证矿浆在浓密机中呈悬浮态运动。耙子的搅拌作用一方面对矿浆进行均化处理，防止矿浆在浓密机内部分布不均；另一方面使浓密机的矿浆处于运动状态，便于底部对浓度的控制和调节，保证矿浆不压耙子，以免造成生产事故。矿浆颗粒在自身重力的作用下，自然沉降，在浓密机底部得到浓度较高矿浆，由底流矿浆泵送入下一工序。

浮选选别对于处理细颗粒铁矿和复合铁矿石具有特殊的优越性，通过浮选选别过程可以生产出品位高、杂质含量低的高纯铁精矿。由于正浮选工艺添加的浮选药剂种类繁多，且浮选药剂残留为后续精矿的处理增加了困难，大大提高了正浮选工艺的选矿成本。目前主要采用反浮选工艺来实现铁矿石的选别。单台浮选机的矿石处理能力有限，难以满足选矿厂的生产要求，因此，实际生产过程中普遍采用多台浮选机串联、并联的连接方式，以及浮选中矿返回的生产工艺，以满足选矿厂矿石处理量的要求，从而获得高品位的铁精矿。本书所依托的工业背景采用的是粗选、精选和扫选的工艺流程。

磁选精矿矿浆经过再磨工序和浓密工序处理后，满足一定粒度和浓度要求的矿浆被泵送至浮选选别工序。矿浆搅拌槽作为联系浓密机和浮选设备的中间设备，是将矿浆和药剂进行混合，在充分调浆作业后，形成分布均匀的矿浆自流到浮选机内。由于采用的是反浮选工艺，浮选泡沫为各自选别阶段不合格的产品，底流矿浆为各自选别阶段合格矿浆。在粗选阶段进行首次分选，富集有用矿物的底流矿浆进入精选阶段进一步分选，粗选的泡沫送到扫选工序。然后，粗选底流矿浆通过精选阶段得到合格的产品作为最终精矿，精选的泡沫返回到粗选工序中。粗选泡沫通过扫选工序来降低最终尾矿的有用矿物，扫选泡沫作为最终尾矿排入泡沫收集器中，扫选底流矿浆和精选泡沫作为浮选中矿一起送入到浓密机，进行再一次分选。

赤铁矿混合选别全流程生产的目的和其他生产过程一样，希望在安全、稳定、顺行的基础上，获得产量高、指标好、消耗低的生产效果，以及较高的经济效益。对于混合选别全流程来说，就是要通过对混合选别全流程相关变量进行调节和控制，使得运行指标精矿品位和尾矿品位满足工艺要求，即获得高质量的精矿和较高的金属回收率。为实现上述生产目的，就必须在了解混合选别全流程生产工艺的基础上，研究混合选别全流程的影响因素，分析控制难点和控制现状，制定出切实可行的控制策略，保证最终产品质量的合格和稳定，生产成本和消耗的降低，实现稳产、高产和节能降耗。

2.2 混合选别全流程的控制目标

2.2.1 基本工艺技术指标

混合选别全流程工艺技术指标较多，从不同的角度出发，会有不同的评价标准和技术指标，本书从混合选别全流程产品质量和生产效率出发，选择了与之相关的技术指标予以介绍。表征混合选别全流程产品质量和生产效率的基本工艺指标如表 2.1 所示。

表 2.1　混合选别全流程基本工艺指标

序号	指标名称	符号	单位
1	给矿品位	α	%
2	矿石处理量	Q_f	t/a
3	精矿品位	β	%
4	尾矿品位	δ	%
5	精矿产率	γ_c	%
6	金属回收率	ε_c	%
7	精矿产量	Q_c	t/a

从产品质量和生产效率角度，混合选别全流程基本工艺技术指标主要包括矿石处理量、精矿品位、尾矿品位、精矿产率、金属回收率、精矿产量等。

(1)矿石处理量 Q_f。

矿石处理量 Q_f 是指进入选矿厂混合选别全流程处理的原矿石数量，选矿厂对原矿石处理量的计量，常用机械皮带秤、电子皮带秤和核子秤。通常以一年为单位或者以日为单位作为矿石处理的基本统计单位，是反映选矿厂处理能力的重要技术指标。矿石处理量 Q_f 计算公式为

$$\text{矿石处理量}=\text{日处理量}\times\text{年生产天数} \tag{2.1}$$

(2)精矿品位 β。

精矿品位 β 是指混合选别全流程最终产品铁精矿中所含铁金属量占铁精矿量的百分比，是反映精矿质量的指标之一。精矿品位通常以取样化验的结果来获得，现在也有采用品位分析仪等检测仪表进行检测获得的。其计算公式为

$$\beta(\%)=\frac{\text{铁精矿含铁量(t)}}{\text{铁矿量(t)}}\times 100\% \tag{2.2}$$

(3)尾矿品位 δ。

尾矿品位 δ 是指混合选别全流程尾矿中所含铁金属量占尾矿量的百分比，反映了混合选别生产过程中金属损失在尾矿中的情况，尾矿品位一般通过取样化验的结果来获得。

(4)精矿产率 γ_c。

混合选别全流程精矿产率 γ_c 是指混合选别生产过程生产出来的精矿产量与给矿量的百分比，精矿产率 γ_c 用下式计算(实际精矿产率)：

$$\gamma_c=\frac{Q_c}{Q_f}\times 100\% \tag{2.3}$$

式中 Q_c——实际生产的精矿产量；

Q_f——矿石处理量。

在实际生产过程中，除了给矿量可以通过计量器具或者统计数据得到外，精矿直接计量比较困难，混合选别生产过程一般是经过取样化验得到给矿品位 α、精矿品位 β 和尾矿品位 δ，利用下式计算精矿产率 γ_c（理论精矿产率）：

$$\gamma_c=\frac{\alpha-\delta}{\beta-\delta}\times 100\% \tag{2.4}$$

（5）金属回收率 ε_c。

金属回收率 ε_c 是指精矿中金属或有用组分的质量与给矿中金属质量的百分比，是反映混合选别生产金属回收程度的重要工艺技术指标，反映了浮选过程生产技术和选矿工作质量。计算公式如下（实际金属回收率）：

$$\varepsilon_c=\frac{Q_c\times\beta}{Q_f\times\alpha}\times 100\% \tag{2.5}$$

同精矿产率 γ_c 一样，金属回收率 ε_c 通常也是难以通过实际生产获得，而是通过化验得到的给矿品位 α、精矿品位 β 和尾矿品位 δ 进行计算（理论回收率）：

$$\varepsilon_c=\frac{\beta(\alpha-\delta)}{\alpha(\beta-\delta)}\times 100\% \tag{2.6}$$

实际金属回收率是选矿过程中实际回收金属量所占的百分数，理论金属回收率是用来验证实际回收率的精确程度，浮选过程理论金属回收率与实际金属回收率之间存在如下关系：

$$\text{实际金属回收率}=\text{理论金属回收率}-\text{机械损失率} \tag{2.7}$$

选矿技术监督部门一般通过实际回收率的计算，编制实际金属平衡表，通过理论回收率的计算，编制理论回收率平衡表。两者进行对比分析，能够揭露出选矿过程机械损失，查明工作中存在的不正常情况。由于混合选别过程不可避免地存在机械损失，理论金属回收率总是大于实际金属回收率，两者之间的差值能够反映混合选别过程技术管理水平的高低。通常情况下两者之间的差值在1%左右，如果出现比较大的偏差，则说明当前混合选别过程存在着生产管理、取样、计量、化验等方面的问题，应及时进行检查改进。

（6）精矿产量 Q_c。

精矿产量 Q_c 是单位时间内所生产出来的精矿量，通常以一年为单位进行统计。精矿产量用于考察混合选别过程是否达到设计要求和设计水平。

混合选别全流程工艺技术指标从不同角度反映了混合选别过程的生产能力、产品质量、生产效率等，既具有各自的特点，又互有联系。如：通过化验其给矿品位、精矿品位和尾矿品位可以获得混合选别全流程的金属产率、金属回收率；通过矿石处理量的统计，可以计算出日处理量，统计出精矿理论产量等技术指标。对于确定的混合选别过程而言，通常在进行流程设计时，就已经充分考虑了混合选别过程的处理能力和生产能力，由于选别设备本身的容积、设备处理能力等影响，此时工艺技术人员关心的就是如何保证混合选别过程的产品质量和金属回收率，并使得混合选别过程的各种费用较低，从而实现企业经济效益的提高。在所有对混合选别全流程工艺技术指标的考察中，精矿品位和尾矿品位是最为关键和最为重要的工艺技术指标。如果精矿品位合格且稳定，那么降低尾矿品位就可以提高金属回收率，反之如果尾矿品位合格且稳定，那么提高精矿品位也能实现产品质量和生产效率的提高。因此，目前混合选别全流程普遍采用以精矿品位和尾矿品位作为考虑企业产品质量和产品效率的运行指标。

2.2.2 控制目标

工业过程运行控制的目的是在保证安全运行的条件下，尽可能提高反映产品质量与效率的工艺指标，尽可能降低反映产品在加工过程中消耗的工艺指标。

对于混合选别过程来说，首先要保证生产过程的安全稳定运行，远离异常工况，避免故障工况。一旦出现异常工况，如不及时处理，则可能造成有用金属流失，进而影响最终混合选别过程的产品质量和产量。例如，浮选机矿浆液位超过其工艺规定上限，会大大降低浮选机泡沫层的高度，影响浮选选别效果，严重时会发生矿浆“冒槽”现象，导致有用金属流失，如果浮选机液位低于下限，发生浮选机“不刮泡”现象，无法实现在浮选机内对矿浆进行有效选别，直接影响最终的产品质量。在实际生产过程中，粗选浮选机矿浆液位、精选浮选机矿浆液位和扫选浮选机矿浆液位作为混合选别生产过程重要的过程变量，选矿工艺工程师都会根据工艺设计要求为上述过程变量选择相应的限值范围，只有将上述过程变量控制在工艺规定的范围内，才能避免发生故障工况，即混合选别全流程首先要保证将粗选浮选机矿浆液位 $h_{\mathrm{R}}(t)$、精选浮选机矿浆液位 $h_{\mathrm{C}}(t)$ 和扫选浮选机矿浆液位 $h_{\mathrm{T}}(t)$ 控制在以下范围内：

$$h_{\mathrm{Rmin}} \leqslant h_{\mathrm{R}}(t) \leqslant h_{\mathrm{Rmax}} \tag{2.8}$$

$$h_{\mathrm{Cmin}} \leqslant h_{\mathrm{C}}(t) \leqslant h_{\mathrm{Cmax}} \tag{2.9}$$

$$h_{\mathrm{Rmin}} \leqslant h_{\mathrm{T}}(t) \leqslant h_{\mathrm{Rmax}} \tag{2.10}$$

式中 $h_{\mathrm{Rmin}}, h_{\mathrm{Rmax}}$——混合选别过程工艺所规定的粗选浮选机矿浆液位的下限和上限；

$h_{\mathrm{Cmin}}, h_{\mathrm{Cmax}}$——混合选别过程工艺所规定的精选浮选机矿浆液位的下限和上限；

h_{Tmin}，h_{Tmax}——混合选别过程工艺所规定的扫选浮选机矿浆液位的下限和上限。

同时，混合选别浓密过程底流矿浆浓度和矿浆流量，即浮选机给矿矿浆浓度和矿浆流量，与生产稳定密切相关。如果底流矿浆浓度过低，则精矿品位较高，但金属回收率较低，处理量降低，影响混合选别全流程的生产效率，如果矿浆浓度过高，则矿浆中有用矿物和脉石矿物在过大的矿浆浓度中难以分离，导致浮选行为恶化，金属回收率和精矿品位明显下降。矿浆流量过低或过高，则浮选时间过长或过短，如果浮选时间过长，脉石能够得到有效选别，精矿品位较高，但回收率大大降低，反之，浮选时间过短，浮选选别行为不充分，造成精矿品位和回收率降低。此外，矿浆流量的较大频繁波动也会使得浮选机矿浆液位剧烈波动，影响浮选过程的安全稳定运行。因此，应将浓密机底流矿浆浓度 $D_T(t)$ 和矿浆流量 $F_T(t)$ 及矿浆流量的变化率控制在工艺规定的范围内：

$$D_{Tmin} \leqslant D_T(t) \leqslant D_{Tmax} \tag{2.11}$$

$$F_{Tmin} \leqslant F_T(t) \leqslant F_{Tmax} \tag{2.12}$$

$$|F_T(t) - F_T(t-1)| \leqslant r \tag{2.13}$$

式中 D_{Tmax}，D_{Tmin}——工艺规定底流矿浆浓度的上限和下限；

F_{Tmax}，F_{Tmin}——工艺规定的底流矿浆流量的上限和下限；

r——工艺规定矿浆流量波动的上限值。

在保证混合选别生产过程安全稳定运行的条件下，最为重要的控制目标是获得满足工艺要求的经济技术指标，即获得较高的精矿品位和金属回收率。但在实际生产过程中，工艺指标金属回收率难以通过在线或者离线化验的方式获取，通常根据浮选给矿品位、精矿品位和尾矿品位计算得出。因此，只要将精矿品位和尾矿品位控制在工艺规定的范围内，就可以获得满足工艺要求的精矿品位和金属回收率，即将需要混合选别生产过程的精矿品位 $\beta(t)$ 和尾矿品位 $\delta(t)$ 控制在工艺规定的范围内：

$$\beta_{min} \leqslant \beta(t) \leqslant \beta_{max} \tag{2.14}$$

$$\delta(t) \leqslant \delta_{max} \tag{2.15}$$

式中 β_{max} 和 β_{min}——混合选别生产过程工艺规定的精矿品位的上限和下限；

δ_{max}——混合选别生产过程工艺规定的尾矿品位的上限。

2.3　混合选别全流程的动态特性分析

2.3.1　精矿品位和尾矿品位与过程变量之间的动态特性分析

混合选别全流程通过再磨工序将磁选过程产生的精矿矿浆进行再次研磨，在浓密机内对矿浆进行浓密处理，然后将粒度、浓度和流量满足工艺要求的矿浆送入浮选机内进行脉石和有用金属的选别分离，产生在品位工艺规定范围内的精矿和尾矿。通过对赤铁矿混合选别过程的深入分析可知，浓密过程底流矿浆浓度、浓密过程底流矿浆流量、矿浆粒度、磁选精矿品位、浮选机矿浆液位、浮选机进气流量和浮选药剂添加量是影响运行指标精矿品位和尾矿品位的主要因素。其中，浓密过程底流矿浆浓度、浓密过程底流矿浆流量、矿浆粒度、磁选精矿品位是混合选别过程的可测边界条件，浮选机矿浆液位、浮选机进气流量和浮选药剂添加量是混合选别过程的控制量，则精矿品位和尾矿品位与过程变量的关系可以写为

$$[\beta(t),\delta(t)]=f(D_{\mathrm{T}}(t),F_{\mathrm{T}}(t),d(t),\alpha(t),h_1(t),h_2(t),h_3(t),V_{\mathrm{r}}(t),Q_{\mathrm{a}}(t)) \tag{2.16}$$

式中　$\beta(t)$——精矿品位；

$\delta(t)$——尾矿品位；

$f(\cdot)$——未知的非线性函数；

$D_{\mathrm{T}}(t)$——浓密机底流矿浆浓度；

$F_{\mathrm{T}}(t)$——浓密机底流矿浆流量；

$d(t)$——矿浆粒度；

$\alpha(t)$——磁选精矿品位，即给矿品位；

$h_1(t),h_2(t),h_3(t)$——粗选、精选和扫选浮选机矿浆液位；

$V_{\mathrm{r}}(t)$——浮选药剂添加量；

$Q_{\mathrm{a}}(t)$——浮选机进气流量。

本节主要分析给矿矿浆浓度 $D_{\mathrm{T}}(t)$、给矿矿浆流量 $F_{\mathrm{T}}(t)$、矿浆粒度 $d(t)$、给矿矿浆品位 $\alpha(t)$、浮选机矿浆液位 $h_1(t),h_2(t),h_3(t)$、浮选药剂添加量 $V_{\mathrm{r}}(t)$ 和浮选机进气流量 $Q_{\mathrm{a}}(t)$ 对混合选别全流程工艺指标的影响。

(1)矿浆浓度的影响。

浮选矿浆浓度是保证混合选别生产过程较高指标的一个重要工艺因素，矿浆浓度对浮选的影响主要表现在影响矿浆的充气、矿浆中药剂的浓度和浮选时

间等。

本书在保证其他工艺参数不变的条件下，改变浮选机的入选浓度，然后对选别后的矿浆进行采样化验，得到精矿品位和金属回收率的化验值，并记录相关数据。图 2.2 为由上述数据所绘制的不同矿浆浓度下对精矿品位和金属回收率的特性曲线。从图中可以看出，随着矿浆浓度的增大，颗粒与浮选气泡碰撞和黏附的概率增大，浮选速率常数增大，浮选行为加快，浮选行为得到加强，使得精矿品位得到提高，金属回收率略有下降；但当矿浆浓度增大到一定程度后，矿浆中有用矿物和脉石矿物在过大的矿浆浓度中难以分离，导致浮选行为恶化，精矿品位反而下降，金属回收率下降明显。因此为了保证浮选效果，通常需要一个合适的浓度变化范围。

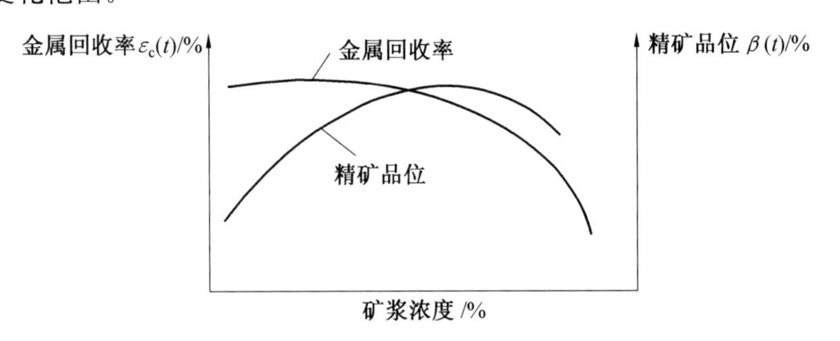

图 2.2　矿浆浓度与工艺技术指标的关系

(2)矿浆流量的影响。

在其他工艺参数不变的条件下，矿浆流量直接反映矿浆在浮选机内的选别时间，而矿浆的浮选时间也将直接影响精矿品位和金属回收率。矿浆流量对工艺技术指标的影响如图 2.3 所示。

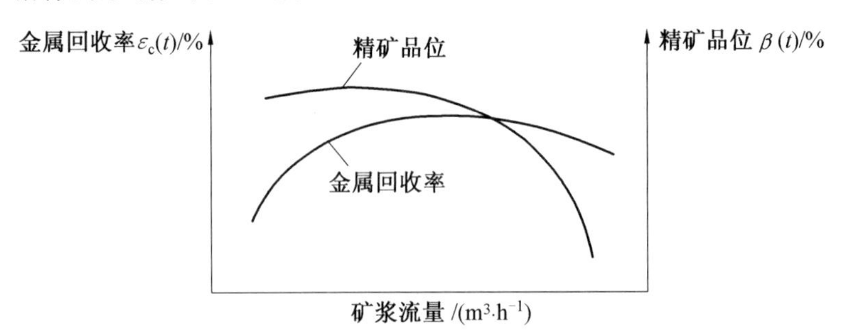

图 2.3　矿浆流量对工艺技术指标的影响

从图中可以看出，当矿浆流量较小时，浮选时间较长，使得浮选选别过程进行得很充分，此时，精矿品位较高，而金属回收率较低。随着矿浆流量的增加，浮选时间逐渐减少，精矿品位逐渐降低，金属回收率逐渐提高。当矿浆流量增加到一定程度后，此时由于浮选时间过短，浮选选别行为不完全，精矿品位和金属回收率均降低。因此，必须将浮选矿浆流量控制在工艺规定的范围内，以保证获得期望的精矿品位和金属回收率。

(3)粒度的影响。

浮选时不仅要求矿物充分单体解离，而且要求有适宜的入选粒度。矿物粒度太粗，即使矿物已经单体解离，因超过气泡的浮载能力，往往浮不起来。反之，如果矿物粒度过细，则会导致矿浆泥化，也会影响浮选的精矿品位和金属回收率，对浮选不利。

在矿物颗粒单体解离的前提下，矿浆颗粒较粗可以节省磨矿成本，降低选矿成本。但较粗的矿粒比较重，在浮选机中不易悬浮，与气泡碰撞的概率减小，附着气泡后因脱落力大，易于脱落。图2.4为矿粒在气泡上附着的受力情况。

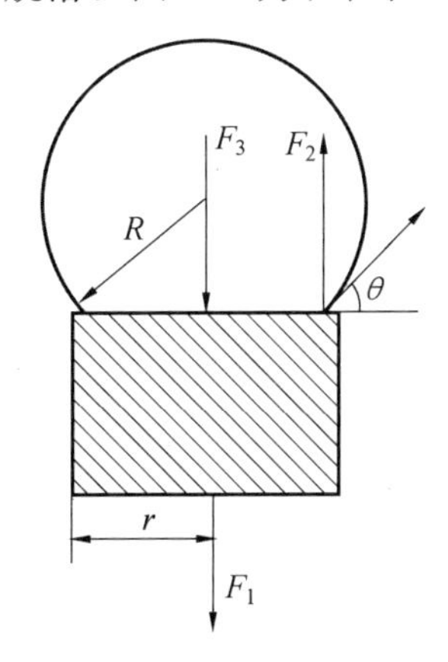

图2.4 矿粒在气泡上附着的受力情况

力 F_1 为矿粒在液体中的重力，是使矿粒脱离气泡的力，它等于矿粒在空气中的重力减去在水中的浮力，即

$$F_1 = W - f = d^3\delta g - d^3\Delta g = d^3(\delta - \Delta)g \tag{2.17}$$

式中 d——矿浆颗粒直径；

δ——矿浆颗粒的密度；

Δ——水的密度。

力 F_2 是矿粒在气泡上附着的表面张力，是使矿粒能够保持在气泡上附着的力，即

$$F_2 = 2\pi r\sigma_{气-液}\sin\theta \tag{2.18}$$

式中 r——附着面半径；

$\sigma_{气-液}$——气－液界面的表面张力；

θ——接触角。

力 F_3 是气泡内的分子对矿物附着面的压力，这个力是使矿粒从气泡上脱离的力，其大小为

$$F_3 = \pi r^2 \frac{2\sigma_{气-液}}{R} \tag{2.19}$$

式中　R——气泡半径。

当力 F_1、F_2、F_3 处于平衡状态时，即矿浆颗粒在气泡上附着接近于脱落的临界状态时，则

$$F_2 = F_1 + F_3 \tag{2.20}$$

即

$$\sin\theta = \frac{d^3(\delta - \Delta)g}{2\pi r \sigma_{气-液}} + \frac{r}{R} \tag{2.21}$$

式(2.21)称为矿粒在气泡上附着的平衡方程式。

从式(2.21)可以看出，在矿浆颗粒的可选性不限的条件下，矿浆颗粒越大，则矿浆颗粒从附着气泡脱落的概率越大。

矿浆颗粒过小，则矿物易于泥化，泥化的矿粒易于黏着粗粒表面形成矿泥覆盖，会导致矿浆颗粒吸附选择性变差，从而导致气泡对矿粒的捕获率下降，影响浮选选别的精矿品位和金属回收率。

(4)浮选机进气流量的影响。

浮选进气主要通过鼓风机的运行来实现，改变鼓风机的工作频率可以控制浮选机进气流量。浮选机进气流量影响气泡特性，进而影响浮选机内气体分散度。因此，改变进气流量就能改变矿粒与气泡的碰撞概率，从而影响精矿品位和金属回收率。

在其他工艺参数一定的条件下，随着浮选机进气流量的增加，浮选机内空气分散度增大，气泡数量增多，矿粒与气泡的碰撞概率增大，脉石等杂质矿物的上浮速率相应增大，则精矿品位逐步提高。当进气流量达到一定程度后，空气密度增加，浮选机内的气泡尺寸变大，空气分散度开始下降，矿粒与气泡的碰撞概率减小，导致精矿品位下降。

(5)浮选药剂添加量的影响。

药剂工艺是浮选过程中的重要因素，合理精确的药剂添加量，既可以节省药剂用量，又可以提高浮选指标。

针对赤铁矿杂质含量高、难以选别的特点，普遍采用阳离子反浮选工艺。阳

离子反浮选药剂制度简单，仅使用捕收剂就能获得较好的选别效果。本书选用GE－609作为浮选过程的捕收剂，其具有选择性高、耐低温、浮选泡沫易消的特点。

捕收剂用量对工艺技术指标的影响如图2.5所示。

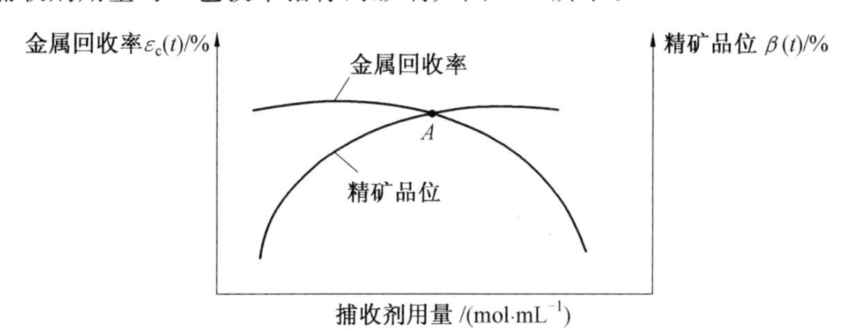

图2.5　捕收剂用量对工艺技术指标的影响

由于磁铁矿浮选采用的是阳离子反浮选，从图中可以看出，随着捕收剂用量的逐渐增大，精矿品位得到提高，金属回收率反而降低。其原因是随着捕收剂用量的增加，浮选药剂浓度也逐渐增大，矿浆中所含RNH_3^+浓度增加，捕收剂捕收能力增强，杂质基本上浮，精矿品位提高，但此时一些本来成为精矿的有用矿物也会被浮选出来成为尾矿，造成尾矿金属流失，回收率降低；当捕收剂用量继续增加，超过图中所示的A点时，精矿品位的提高非常有限，而金属回收率急剧下降，其原因是当捕收剂用量增大到一定程度后，矿浆中RNH_3^+浓度完全饱和，浮选药剂失去选择性，大量有用矿物不加浮选就被浮出成为尾矿，导致金属严重流失，回收率急剧下降。

(6)浮选机矿浆液位的影响。

浮选机矿浆液位是关系浮选精矿品位和金属回收率的重要因素。浮选机矿浆液位是指浮选底部到矿浆液位位置的直线距离。由于矿浆液位直接关系到浮选过程泡沫层厚度，泡沫层厚度又直接关系到矿物颗粒停留时间，而矿浆颗粒在泡沫层中的停留时间又严重地影响矿粒在泡沫上的再次黏附和脱落，直接关系到浮选过程精矿品位和金属回收率。

浮选机矿浆液位与工艺技术指标和停留时间的关系如图2.6所示。从图中可以看出，随着浮选矿浆液位的升高，金属回收率逐渐下降，精矿品位升高，矿浆在泡沫中的停留时间变短。说明随着浮选矿浆液位的升高，大量本应浮选的较低品位有用矿物随脉石等浮出成为尾矿，造成金属流失，但精矿品位有所提高。矿浆液位降低时，由于难以产生相应的泡沫层厚度，因此浮选过程难以进行，出现刮不泡沫的现象。此外大量的试验表明，矿浆液位的频繁变化会导致浮选过程行为的恶化，造成精矿品位发生波动，使得浮选产品质量稳定性降低，因此，实际生产过程中都是对矿浆液位严格限制。

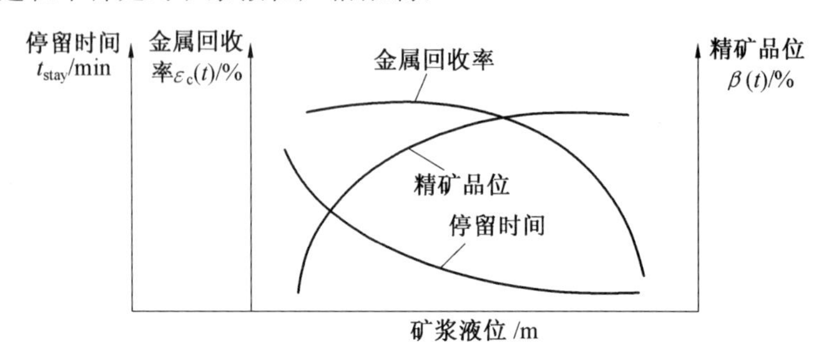

图 2.6 矿浆液位与工艺技术指标和停留时间的关系

从以上对混合选别过程影响因素的特性分析可以看出，混合选别过程是工艺机理复杂、影响因素众多的复杂工业过程，各影响因素的变化都对混合选别运行指标造成影响，且各影响因素之间具有互相耦合的关系。因此，混合选别全流程难以建立精确的数学模型，难以采用常规控制方法实现混合选别全流程运行指标的优化控制。此外，过程控制在我国选矿行业中是一个较薄弱的环节，制约着混合选别工艺流程的发展，已成为选矿行业生产的“瓶颈”。因此，必须结合我国混合选别全流程的生产实际，采用智能控制方法和技术，研究适合我国特色的控制策略，以解决目前混合选别全流程的控制中存在的问题。

2.3.2 浮选机矿浆液位的动态模型及动态特性分析

浮选过程分为粗选、精选和扫选工序，一般采用串级连接方式。浮选机矿浆液位是影响浮选过程经济技术指标的重要因素之一。工艺流程如图 2.7 所示。

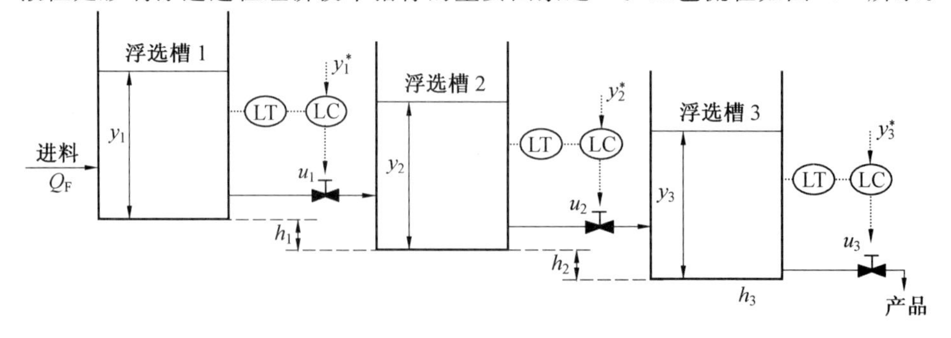

图 2.7 浮选过程工艺流程图

浮选过程由一系列串联的浮选机组成，在每个浮选机的出口处安装调节阀门，通过调整出口阀门的开度实现对液位的控制。控制的目的是保证浮选机矿浆液位能够快速准确地跟踪其设定值，进而通过调整浮选机矿浆液位的设定值来保证浮选精矿品位和尾矿品位控制在目标值范围内。浮选槽液位是可测的，表示为 $y_i(t)$，浮选过程的输入信号为阀门开度信号 $u_i(t)$，外部流入浮选槽的流量为 Q_F。为了比较清晰地描述系统输入输出之间的动态特性，需要先建立过程的模型，然后分析对象模型的动态特性。

1. 多级串联浮选机的数学模型

根据质量平衡方程和物料平衡方程关系建立浮选机矿浆液位的数学模型，浮选机矿浆液位的连续模型可以描述为一阶微分方程组系统。

$$\dot{y}(t)=\boldsymbol{F}(y_i(t),u(t),C_v(t))+\boldsymbol{B}Q_F \tag{2.22}$$

式中　$\boldsymbol{B}$——常数矩阵；

$y_i(t),C_v(t),u(t),Q_F$——系统的状态、阀门系数、阀门开度和输入流量。

非线性函数用向量形式表示：

$$\boldsymbol{F}(y,u,C_v)=\begin{bmatrix}f_1(y,u,C_v)\\f_2(y,u,C_v)\\f_3(y,u,C_v)\end{bmatrix} \tag{2.23}$$

式中

$$f_1(y,u,C_v)=-\frac{C_{v1}(u)+\Delta C_{v1}}{A_1}\sqrt{H_1(y)}$$

$$f_i(y,u,C_v)=\frac{C_{v,i-1}(u_{i-1})+\Delta C_{v,i-1}}{A_i}\sqrt{H_{i-1}(y)}-\frac{C_{v,i}(u_{i-1})+\Delta C_{v,i}}{A_i}\sqrt{H_i(y)}\qquad i=2,3$$

式中　$\Delta C_{v,i}(t)$——对应的阀门的堵塞面积；

$C_{v,i}(t)$——对应阀门的阀门系数；

A_i——浮选槽的横截面积，这里假设浮选槽横截面积是一个与液位高度无关的常数。

函数 $H_i(y)$ 可以用下式表示：

$$H_i(y)=2g(y_i-y_{i-1}+h_i) \tag{2.24}$$

式中　g——重力加速度；

h_i——相邻浮选槽的物理高度差值。

对于末端的浮选机而言，有

$$H_n(y)=2g(y_n+h_n) \tag{2.25}$$

式中 h_n——浮选槽液位为零时的高度与出口阀门安装位置高度的差。

根据《实用阀门技术手册(2010 版)》得出阀门开度的非线性模型如下式所示：

$$C_v(u)=a_1 d\,\frac{a_2 u+a_3 u_2}{1+e^{a_4 u}} \tag{2.26}$$

式中 $a_1,\cdots,a_4$——常数，$a_1,\cdots,a_4$ 可以通过最小二乘分析法辨识得到；

d——阀门的直径；

u——阀门开度，u 在区间[0,1]内，当 $u=0$ 时表示阀门全关，$u=1$ 时表示阀门全开。

当假设阀门堵塞面积为零时，可以得出流过阀门的流量如下：

$$q_i(t)=(a_{i1} d_2\,\frac{a_{i2} u+a_{i3} u_2}{1+e^{a_{i4} u}})\sqrt{H_i(y_i(t))} \tag{2.27}$$

综上所述，可以得出浮选槽液位的数学模型：

$$\dot{y}_1(t)=\frac{1}{A_1}[Q_F-K_1 C_v(u_1(t))\sqrt{y_1(t)-y_2(t)+h_1}] \tag{2.28}$$

$$\dot{y}_2(t)=\frac{1}{A_2}[K_1 C_v(u_1(t))\sqrt{y_1(t)-y_2(t)+h_1}-K_2 C_v(u_2(t))\sqrt{y_2(t)-y_3(t)+h_2}] \tag{2.29}$$

$$\dot{y}_3(t)=\frac{1}{A_3}[K_2 C_v(u_2(t))\sqrt{y_2(t)-y_3(t)+h_2}-K_3 C_v(u_3(t))\sqrt{y_3(t)+h_3}] \tag{2.30}$$

式中 Q_F——第一槽给矿流量，m^3/h；

A_1、A_2 和 A_3——浮选槽在工作点附近的横截面积，m^2；

K_i——与浮选槽相关的常数；

h_i——相邻浮选槽之间的高度差，m；

C_v——阀门系数。

2. 系统的非线性分析

从以上分析得知，浮选槽液位的动态模型如下：

$$\dot{y}(t)=\boldsymbol{F}(y(t),u(t),C_v(t))+\boldsymbol{B}Q_F \tag{2.31}$$

式中 $\boldsymbol{F}(y,u,C_v)=\begin{bmatrix} f_1(y,u,C_v) \\ f_2(y,u,C_v) \\ f_3(y,u,C_v) \end{bmatrix}$

由一个槽液位的数学模型可以看出，阀门系数为阀门开度的非线性函数

$C_v(u)=a_1 d_2 \dfrac{a_2 u+a_3 u_2}{1+e^{a_4 u}}$，通过阀门的流量 $q_i(t)$ 为阀门系数和浮选槽液位的非线性函数，即通过阀门流量为阀门开度和浮选槽液位的函数。

由于 $f_1(\cdot)$ 是由多个非线性函数迭代产生，因此它是关于浮选槽液位 y_1、出口阀门系数 C_{v1}、阀门开度 u_1 的复杂非线性函数。

同理可知，$f_2(\cdot)$ 和 $f_3(\cdot)$ 也是复杂的非线性函数。

3. 系统的耦合性分析

浮选槽液位控制系统的强耦合特性表现为：三输入三输出之间的耦合非常严重，任何一个输入量的变化都会影响到三个输出量的变化。由式(2.28)～(2.30)可知，浮选槽液位控制系统的三个输出变量浮选槽液位 $y_1(t)$、$y_2(t)$ 和 $y_3(t)$ 的动态方程中均包含控制量第一槽出口阀门开度 $u_1(t)$，第二槽出口阀门开度 $u_2(t)$ 和第三槽出口阀门开度 $u_3(t)$，即任何一个控制量的改变将会对所有输出变量产生影响。在实际的工业现场，该系统的强耦合特性具体表现如下：

(1)第一槽出口阀门开度开大，会使更多的矿浆流入下一槽，导致第一槽浮选液位降低；同时流入第二槽的矿浆流量增加，导致第二槽液位升高。

(2)第二槽出口阀门开度开大，会使更多的矿浆流入下一槽，导致第二槽浮选液位降低；同时流入第三槽的矿浆流量增加，导致第三槽液位升高。由于第二槽液位升高，导致第一槽与第二槽之间的压差减小，进而第一槽流入第二槽的矿浆流量减小，最终会使得第一槽液位升高。

进行浮选机矿浆液位系统的动态实验，通过分析得到该系统的相对增益矩阵 $\boldsymbol{\Lambda}$ 为

$$\boldsymbol{\Lambda}=\begin{array}{c} \\ y_1 \\ y_2 \\ y_3 \end{array}\begin{array}{c} \begin{array}{ccc} u_1 & u_2 & u_3 \end{array} \\ \begin{bmatrix} 2.087 & -0.296 & -0.651 \\ -0.462 & 2.217 & 0.148 \\ -0.682 & -1.169 & 1.821 \end{bmatrix} \end{array} \tag{2.32}$$

相对增益分析法(即 Bristol-Shinskey 法)指出：

(1)对于一对调节量与被调量，若其相对增益接近1(一般在0.8～1.2之间)，则表明其他通道对本通道的影响很小，这个通道可以由单独的控制器构成闭环控制系统，而不需要采用解耦措施。

(2)当相对增益小于零或接近于零时，此通道不能简单地用该通道的控制器控制，因为这样不能得到良好的控制效果。这是由于变量配对选择不恰当所致，从而应当另选合适的变量配对。

(3)当相对增益在0.3～0.7之间或者大于1.5时，则表明存在非常严重的

耦合，此时必须进行解耦设计。

由式(2.31)可以看出，系统的相对增益矩阵中主对角线上的元素均为正值，分别为2.087、2.217、1.821，存在三个相对增益远大于1的情况，根据Bristol-Shinskey方法中的第三点要求，也必须采用解耦设计。

实际上，因浮选机矿浆液位系统是一个具有多变量强耦合的非线性系统，采用由三个单回路常规控制器组成的控制系统无法长期自动运行，需依靠人工操作，常常造成矿浆冒槽和不刮泡等生产事故的发生。

2.3.3 浓密过程底流矿浆浓度和流量动态特性分析

由2.3.1节的分析可知，浓密过程底流矿浆浓度和流量直接影响浮选指标精矿品位和金属回收率，将底流矿浆浓度和矿浆流量控制在工艺规定的目标值范围内，能够有效提高浮选的选别效率。

1. 浓密过程底流矿浆浓度和矿浆流量数学模型

根据文献[159-160]，建立以底流矿浆泵转速 u 为输入，以底流矿浆流量 y_1 和底流矿浆浓度 y_2 为输出的动态模型：

$$\dot{y}_1(t) = -\frac{y_1(t)}{\tau} + \frac{k_0}{\tau}u(t) \tag{2.33}$$

$$\dot{y}_2(t) = \frac{1}{k_2 h(y_1, y_2)}\left[\frac{-y_2{}^2(t)y_1(t)}{y_2(t)+k_3 v(t)+k_3 Q} + k_1 v_p(y_1, y_2, v)(v(t)+Q) + \frac{k_1(k_i-k_3)v_p(y_1, y_2)(v(t)+Q)}{y_2(t)+k_3(v(t)+Q)}\right] \tag{2.34}$$

$$k_1 = Ak_i$$

$$k_2 = Ap$$

$$k_3 = k_i - \mu(\rho_s - \rho_l)/Ap$$

$$Q = q_3\varphi_3$$

$$v(t) = q_1(t)\varphi_1(t) + q_2(t)\varphi_2(t)$$

式中 $y_1(t)$——浓密机底流矿浆流量；

$y_2(t)$——浓密机底流矿浆浓度；

$u(t)$——底流泵转速；

$v_p(y_1, y_2)$——矿浆颗粒沉降速度；

$h(y_1, y_2)$——泥层界面高度；

μ、p、ρ_s、ρ_l——与矿浆性质有关的常数；

k_i——与工艺有关的常数；

A——浓密机横截面积；

k_0——静态放大系数；

$q_1(t)$——浮选中矿矿浆流量；

$q_2(t)$——污水流量；

$q_3(t)$——磁选精矿矿浆流量；

φ_1——浮选中矿矿浆浓度；

φ_2——污水浓度；

φ_3——磁选精矿矿浆浓度；

τ——过程的时间常数。

变量和参数含义如表 2.2 所示。

表 2.2　变量和参数含义

变量	含义	变量	含义
$\varphi_i(t)$	进料单位体积固含量	k_i	与工艺有关的常数
$v_p(y_1, y_2)$	矿浆颗粒沉降速度	A	浓密机横截面积
$q_i(t)$	进料流量	p	平均浓度系数
$h(y_1, y_2)$	泥层界面高度	ρ_s	矿浆内固体密度
$y_1(t)$	浓密机底流矿浆流量	ρ_l	矿浆内液体密度
$y_2(t)$	浓密机底流矿浆浓度	k_0	静态放大系数
$u(t)$	底流泵转速	τ	过程的时间常数
μ	介质的黏度		

2. 动态特性分析

式(2.33)可简记为 $\dot{y}_2(t)=F(y_1, y_2, v, v_p, h)$，由式(2.33)可知，式中包括 $y_1(t)y_2^2(t)$ 等典型非线性项，因此底流矿浆浓度 $y_2(t)$ 和矿浆流量 $y_1(t)$ 之间具有非线性关系，且系数 $v_p(y_1, y_2)$ 和 $h(y_1, y_2)$ 是与矿浆浓度和矿浆流量有关的未知非线性函数，因此可知，矿浆浓度 $y_2(t)$ 和矿浆流量 $y_1(t)$ 之间具有复杂的非线性关系。

如果采用矿浆浓度闭环控制方式，当矿浆浓度控制系统处于稳态时，即 $\dot{y}_2(t)\approx 0$，那么由式(2.33)可知，

$$y_1(t)=\frac{k_iAv_p(\cdot)v(t)+k_iAQv_p(\cdot)}{y_{2\text{ref}}-k_iv(t)-k_iQ} \tag{2.35}$$

式中 y_{2ref}——矿浆浓度的参考值。

由式(2.35)可知,当矿浆浓度控制系统处于稳态时,矿浆流量 $y_1(t)$随着干扰变量浮选中矿矿浆 $v(t)$的变化而变化,由于浮选中矿返回到浓密机的矿浆频繁波动,最大时能达浓密机来料的 60%以上,经常造成底流矿浆流量超过其工艺规定范围的情况,最大可能超过其目标值范围 25%以上。当矿浆流量超过工艺规定上限时,矿浆在浮选机内的选别时间缩短,难以充分选别去除脉石等杂质,导致精矿品位下降。

此外,底流矿浆流量的波动还会直接影响浮选机液位的高低,当矿浆流量波动较大时,会导致浮选机液位剧烈变化,严重时会出现浮选机矿浆“冒槽”的现象,导致有用金属流失,金属回收率下降。

因此,难以采用浓度闭环控制策略。结合以上特性分析可知,如果采用已有的控制方法对矿浆浓度进行定值闭环控制,当随机干扰频繁变化时,矿浆流量会发生较大频繁波动,直接影响到浮选过程的精矿品位和金属回收率。因此,矿浆浓度定值控制方式无法应用于赤铁矿浮选浓密过程,浮选浓密过程仍采用人工手动控制方式。

2.4 混合选别全流程运行指标控制现状分析及存在问题

由上述特性分析可知,赤铁矿混合选别过程全流程具有强非线性、强耦合、参数时变等综合复杂性,运行指标精矿品位和尾矿品位与各影响因素之间具有强非线性、不确定性,难以建立数学模型,随边界条件和操作变量变化而变化,难以实现工艺指标的智能运行控制。多个串联浮选机矿浆液位之间具有强耦合、非线性特性,且受入口矿浆流量随机干扰的影响,难以采用三个单回路传统控制方法实现矿浆液位的自动控制。此外,矿浆浓密过程为一输入两输出的非线性串级过程,难以建立精确数学模型,矿浆浓度和流量之间具有强非线性特性,且受浮选中矿矿浆大而频繁随机干扰的影响,难以采用常规的定值控制方法将矿浆浓度和流量控制在工艺规定的目标值范围内。

到目前为止混合选别生产过程仍处于人工手动控制,突出的问题是工作效率低、自动化水平低、劳动强度大,经济技术指标低,而且随矿石性质等边界条件的变化和操作参数的变化,混合选别工况经常发生改变,造成混合选别过程很不稳定。本节在研究混合选别全流程工艺特点和动态特性分析的基础上,将分别介绍精矿品位和尾矿品位目标值设定、串联浮选机矿浆液位控制和浓密过程底流矿浆浓度和矿浆流量控制过程存在的控制难点、现状以及存在的问题。

2.4.1 精矿品位和尾矿品位目标值设定现状分析及存在问题

精矿品位和尾矿品位是混合选别全流程控制的主要运行指标，直接影响混合选别全流程产品质量。精矿品位和尾矿品位主要取决于浮选机矿浆液位的高低。因此，如何准确设定浮选机矿浆液位，将精矿品位和尾矿品位控制在工艺规定范围内，尽可能提高精矿品位和降低尾矿品位，是混合选别全流程迫切需要解决的主要问题。

结合混合选别全流程生产实际，影响浮选机矿浆液位设定的难点主要表现以下两个方面。

(1)精矿品位和尾矿品位指标难以在线测量。

现有的品位分析仪表价格昂贵、维护保养困难，适应性差，还未能在我国选矿行业得到普遍应用，精矿品位和尾矿品位难以实现在线连续检测，目前，在混合选别过程中，主要通过人工化验的方式获得检测数据。检测人员在精矿泵池和尾矿泵池处取样，采用人工实验室化验分析的方法获取精矿品位和尾矿品位。特别是生产现场条件恶劣，存在强酸强碱环境，在取样点取样时，不可避免地会造成取样人员出现意外的问题，因此，人工取样同样受到限制。一般来说，为了保证产品质量，生产上要求每 2 h 进行一次精矿品位和尾矿品位取样分析。

(2)在赤铁矿混合选别过程中，精矿品位和尾矿品位不仅与矿浆浓度、矿浆流量，矿浆粒度、矿浆品位以及矿石性质等边界条件相关，而且与进气流量、矿浆液位、浮选药剂量等控制变量有关。

①矿浆浓度低可获得高品位的精矿，但金属回收率低，矿浆浓度过高，则矿石分选难度大，尾矿中有用矿物容易流失，尾矿品位高。

②矿浆流量大，浮选时间短，精矿品位难以保证；矿浆流量小，虽然精矿品位容易得到保证，但最终精矿产量少。

③矿浆粒度过粗说明矿石单体解离不充分，容易导致精矿品位偏低；矿浆粒度过细则说明矿浆泥化严重，难以分选，使得尾矿品位偏高。

④给矿品位高，说明矿石易选，精矿品位容易得到保证；反之给矿品位低，矿石难选，难以获得高精矿品位。

⑤进气流量主要产生微小气泡，携带脉石上浮。进气流量大，形成的有效气泡多，对于提高精矿品位有利，但容易导致浮选槽内矿浆紊流现象；进气流量小，形成的有效气泡较少，脉石及杂质难以借助气泡升浮至矿浆表面排出，造成精矿品位低。

⑥浮选机矿浆液面高度与泡沫层厚度密切相关，矿浆液位高，泡沫层相对较薄，有用矿物难以在泡沫层中进行泻落，导致尾矿品位偏高；反之矿浆液位低，泡沫层较厚，大量脉石难以浮出，造成精矿品位低。

⑦浮选药剂是影响浮选过程精矿品位和尾矿品位的主要因素，药剂添加的种类、大小、药剂点等都是影响浮选工艺技术指标的关键因素。

从控制角度可以看到，运行指标精矿品位和尾矿品位的影响因素较多，且各影响因素与运行指标之间具有强非线性、不确定性等综合复杂特征，难以用精确数学模型来描述，难以采用常规控制方法实现精矿品位和尾矿品位的控制。

实际生产中，浮选过程药剂添加量根据干矿量的大小，按一定比例计算得出，然后通过调整计量泵的冲次控制加药量定值。混合选别全流程的上游磁选工序生产稳定，波动很小，使得进入浮选过程的干矿量较小波动，操作员一般凭经验在一个小范围内对药剂添加量进行微调。充气流量采用外部加气方式，通过改变鼓风机的频率调节加气量。但由于鼓风机变频器选型的问题，当鼓风机频率变化较大时，会发生变频器发生故障而停机的现象，直接导致混合选别全流程全线停产，因此操作员一般不对鼓风机的频率做调整。主要通过调整浮选机矿浆液位来控制混合选别过程的精矿品位和尾矿品位。操作员为控制精矿品位和尾矿品位运行指标对于浮选机矿浆液位的设定操作主要包括以下内容。

①如图 2.8 所示，工艺工程师根据浮选给矿粒度、给矿品位、给矿浓度和给矿流量、精矿品位目标值、尾矿品位目标值，凭经验给出粗选浮选机矿浆液位设定值、精选浮选机矿浆液位设定值和扫选浮选机矿浆液位设定值，然后根据精矿品位和尾矿品位化验值，以及生产边界条件的变化情况，凭经验调整浮选机矿浆液位的设定值。

②操作员根据工艺工程师给出的各个浮选机矿浆液位设定值，观察各浮选机的实际液位，然后调整各浮选机出口调节阀的开度，使得浮选机矿浆液位跟踪其设定值。通过调整浮选机矿浆液位设定值，克服边界条件变化对工艺技术指标所造成的影响，从而将精矿品位和尾矿品位控制在工艺规定的目标值范围内。

但是，由于边界条件频繁变化，与精矿品位和尾矿品位关系复杂，很难建立精确的数学模型，且精矿品位和尾矿品位难以在线检测，操作员只能通过取样化验值来判断精矿品位和尾矿品位是否满足工艺要求。但取样化验周期过长，因此操作员不能及时准确设定和调整浮选机矿浆液位。操作员常常为保证精矿品位合格，将精选浮选机矿浆液位设定较高，即在浮选过程的精选阶段增加矿浆的刮出量。如此虽然提高了精矿品位，但是大量有用金属进入扫选阶段，过多的有用金属作为尾矿排出，使得尾矿品位过高。操作员为了避免尾矿品位过高，常常

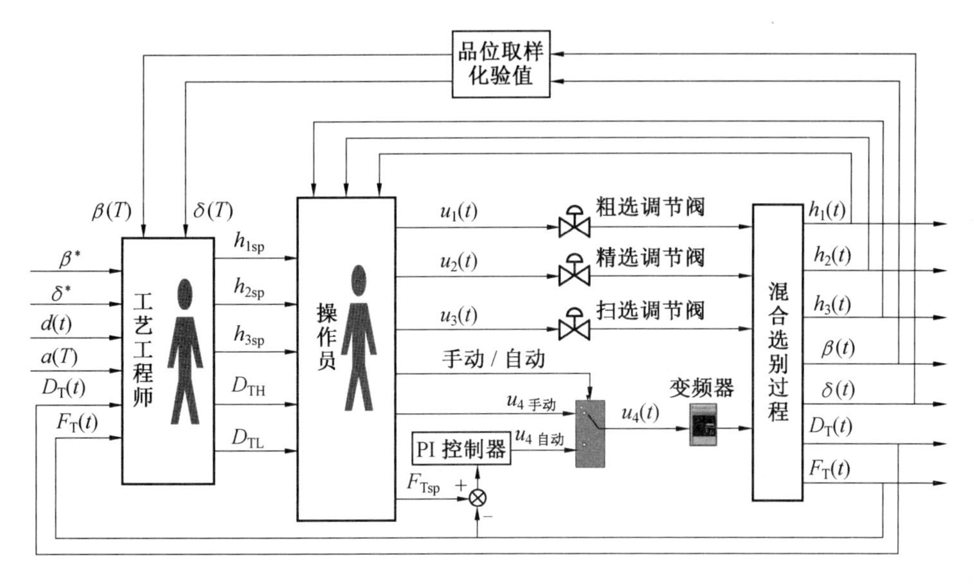

图 2.8　混合选别过程控制现状

（t 代表实时变化的量；T 代表采样周期的量）

将扫选浮选机矿浆液位设定较低，减少扫选阶段的矿浆刮出量。这样使得过多的浮选中矿进入浓密过程，增加了混合选别全流程的循环负荷，降低了混合选别过程的矿浆处理量。

2.4.2　浮选机矿浆液位控制现状分析及存在问题

目前，浮选机矿浆液位的控制普遍采用针对单个浮选机矿浆液位的回路控制，并没有考虑多个串级浮选机之间具有的强耦合和强非线性等特性，从而导致浮选机矿浆液位波动较大，无法保证浮选过程的安全稳定运行。浮选机矿浆液位过高，会导致浮选矿浆溢出，产生“冒槽”现象，使得有用金属流失，金属回收率降低；液位过低，又会产生浮选机刮板“不刮泡”的现象，影响浮选过程的生产效率。

因此，浮选机矿浆液位控制系统仍采用人工手动控制方式。控制现状如图2.8所示，操作员根据工艺工程师给出的矿浆液位设定值，通过观察浮选机的矿浆液位，凭操作员的操作经验，调整相应的浮选机出口阀门开度，尽量保证矿浆液位跟踪其设定值。

由于不可测的入口矿浆流量频繁变化以及各个浮选机矿浆液位之间的互相耦合，操作员很难及时准确地通过调整出口阀门的开度，将浮选机矿浆液位控制在设定值附近，经常会出现浮选矿浆“冒槽”和“不刮泡”现象，从而导致精矿品位和金属回收率降低。因此有必要深入了解浮选选别过程的动态特性，并采用相应的解耦控制技术来提高系统的控制性能。

2.4.3 浓密过程底流矿浆浓度和矿浆流量控制现状分析及存在问题

由浓密过程底流矿浆浓度和矿浆流量之间的动态模型及动态特性分析可知，底流矿浆浓度和矿浆流量之间具有强非线性特性，且受浮选中矿矿浆大而频繁随机干扰的影响，采用已有的定值控制方法难以通过调整底流矿浆泵转速 $u_4(t)$同时将矿浆浓度 $D_T(t)$和矿浆流量 $F_T(t)$及其波动$|F_T(t)-F_T(t-1)|$控制在工艺规定的范围内，目前矿浆浓度和矿浆流量控制仍采用人工手动控制方式，其控制现状如图 2.8 所示。

图 2.8 中，D_{TH}和 D_{TL}分别为工艺规定的浓密过程底流矿浆浓度的最大值和最小值。D_{Tref}为底流矿浆浓度的参考值，为了使得底流矿浆浓度在工艺规定范围内调节区间尽可能大，选择矿浆浓度参考值为 $D_{Tref}=(D_{TH}+D_{TL})/2$。

如图 2.8 所示，由工艺工程师根据工艺计算和运行经验确定矿浆浓度上限值 D_{TH}和下限值 D_{TL}。

操作员根据矿浆浓度上限值 D_{TH}和下限值 D_{TL}，计算得出矿浆浓度参考值 $D_{Tref}=(D_{TH}+D_{TL})/2$，然后根据参考值 $D_{Tref}=(D_{TH}+D_{TL})/2$ 与矿浆浓度实时检测值 $D_T(t)$的偏差 $e_D(t)$及当前矿浆流量实时检测值 $F_T(t)$，凭经验给出矿浆流量的设定值，通过 PI 控制器调整底流矿浆泵转速 $u_4(t)$，使得矿浆流量跟踪其设定值 F_{Tsp}。当浮选中矿随机干扰 $v(t)$造成底流矿浆浓度过高，超过工艺规定上限时 $D_T(t)>D_{TH}$，操作员切换到手动控制给出底流矿浆泵转速的最大值 $u(t)=u_{max}$；当矿浆浓度过低，越过其下限时 $D_T(t)<D_{TL}$，操作员通过手动方式直接给出底流矿浆泵转速的最小值 $u(t)=u_{min}$，使得矿浆浓度快速回到工艺规定的范围内。

当干扰大而频繁波动时，人工操作不能及时准确进行手动控制与矿浆流量 PI 控制的切换，仅通过矿浆泵转速的最大值 u_{max}和最小值 u_{min}的切换，难以将矿浆浓度和流量及波动控制在目标值范围内，会造成底流矿浆浓度和流量及波动超过目标值范围，影响浮选过程的精矿品位和金属回收率。

2.5 本章小结

本章深入研究和分析了混合选别全流程的工艺流程、动态特性、控制难点和控制现状等，对于制定适合混合选别全流程控制策略具有非常重要的作用和意义。本章介绍了混合选别全流程的工艺流程及设备、工艺指标和系统控制目的；然后详细分析了精矿品位和尾矿品位与边界条件和控制变量的动态特性关系、三级串联浮选机矿浆液位的动态特性以及浓密过程底流矿浆浓度和矿浆流量之间的动态特性关系。结合动态特性分析了混合选别全流程控制的难点和控制现状以及目前采用人工手动控制的不足。最后分析了混合选别全流程控制存在的主要问题。

第 3 章　赤铁矿混合选别全流程智能控制方法

第 2 章分析了赤铁矿混合选别全流程工艺特性和影响因素，由于混合选别全流程的综合复杂性，已有的控制方法难以直接应用到上述的赤铁矿混合选别生产过程，目前主要采用人工控制方法。人工手动控制难以及时准确地根据精矿品位和尾矿品位的化验值对各个基础控制回路的设定值进行调整，造成精矿品位和尾矿品位运行指标经常波动在工艺规定的范围之外。

本章针对已有方法难以将精矿品位和尾矿品位控制在工艺规定范围内的问题，首先提出了由浮选机矿浆液位设定和浮选机液位跟踪控制两层结构组成的混合选别全流程智能运行控制策略，同时针对浓密过程底流矿浆浓度和矿浆流量这一非线性串级过程，提出了由矿浆流量设定和跟踪流量设定值两层结构组成矿浆浓度和流量区间智能切换控制方法。然后介绍了混合选别全流程智能运行控制、浮选机矿浆液位自适应解耦控制、浓密过程底流矿浆浓度和流量区间智能切换控制的结构、功能和控制算法。

通过以上赤铁矿混合选别全流程智能运行控制方法和浓密过程底流矿浆浓度和流量区间智能切换控制方法的实现，在保证混合选别生产过程安全稳定生产的前提下，提高精矿品位指标，降低尾矿品位指标。

3.1　控制目标

赤铁矿混合选别全流程的控制目标就是在保证安全稳定生产的前提下，稳定混合选别生产流程，减少外界对混合选别生产的干扰，并且在此基础上实现对关键工艺指标精矿品位和尾矿品位指标的智能运行控制，尽可能提高精矿品位，降低尾矿品位，从而提高混合选别全流程的产品质量和生产效率。

但从实际过程控制的要求来看，除了实现上述控制目标，还必须保证系统的安全性，即遵循安全—质量—优化这一原则。为此，在实际的混合选别生产过程中，要按照生产过程的安全性要求，解决如下两个控制问题：①在原矿性质及操作参数变化的条件下，如何调整浓密过程底流矿浆泵的转速，使得矿浆浓度和矿浆流量工作在工艺规定的范围内，避免出现浓密机“压耙”和浮选机“冒槽”状况；

②如何通过浮选机矿浆液位设定和浮选机矿浆液位跟踪控制，使得运行指标精矿品位和尾矿品位在工艺规定的范围内，同时尽可能提高精矿品位和降低尾矿品位，从而提高金属回收率。

基于上述原因，本书结合赤铁矿混合选别全流程实际生产工艺对重要过程变量和混合选别全流程运行指标的控制要求，以实现混合选别过程安全生产、稳定运行、优化指标为目的，提出了赤铁矿混合选别过程的控制目标：

$$\beta_{\min} \leqslant \beta(t) \leqslant \beta_{\max}, \quad \min(\beta_{\max} - \beta(t)) \tag{3.1}$$

$$\delta(t) \leqslant \delta_{\max}, \quad \max(\delta_{\max} - \delta(t)) \tag{3.2}$$

s. t.

$$D_{\mathrm{Tmin}} \leqslant D_{\mathrm{T}}(t) \leqslant D_{\mathrm{Tmax}}, \quad F_{\mathrm{Tmin}} \leqslant F_{\mathrm{T}}(t) \leqslant F_{\mathrm{Tmax}}, \quad |F_{\mathrm{T}}(t) - F_{\mathrm{T}}(t-1)| \leqslant r$$

式中 $\beta_{\min}$ 和 $\beta_{\max}$——工艺规定精矿品位指标的下限和上限；

$\delta_{\max}$——工艺规定尾矿品位指标的上限；

D_{Tmin} 和 D_{Tmax}——工艺规定的给矿矿浆浓度的下限和上限；

F_{Tmin} 和 F_{Tmax}——工艺规定的给矿矿浆流量的下限和上限；

r——矿浆流量波动的上限值。

由式(3.1)和式(3.2)可知，赤铁矿混合选别全流程控制目标包含两层含义：①保证浓密过程底流矿浆浓度、浓密过程底流矿浆流量及矿浆流量的波动等工艺参数控制在工艺规定的范围内，满足混合选别全流程控制系统的约束条件，保证系统安全、稳定运行，避免出现故障工况，提高设备运转率；②在实现上述过程控制约束条件的基础上，通过对浮选机矿浆液位的设定和浮选机矿浆液位的跟踪控制，使得混合选别全流程运行指标精矿品位和尾矿品位控制在工艺规定的范围内，并尽可能使精矿品位靠近其工艺规定上限值，使得尾矿品位远离上限值。上述混合选别全流程控制目标的实现，不仅能满足混合选别全流程安全、稳定运行的需要，也能保证选别过程精矿品位和尾矿品位运行指标的要求，对于实现赤铁矿混合选别全流程智能运行控制，提高选矿厂经济效益具有重要意义。

3.2 混合选别全流程控制策略

我国赤铁矿混合选别全流程存在关键参数难以在线检测的问题，并且精矿品位和尾矿品位与混合选别各过程运行参数特性难以用数学模型的方法进行描述，导致在实际生产过程中难以采用已有基于模型的先进控制策略进行实时优化运行控制。目前，我国大部分选矿厂对于混合选别全流程的控制仍采用人工手动控制办法，人工操作存在主观性和随意性，难以保证系统的安全运行和产品质量的优化控制。本节针对赤铁矿混合选别全流程控制存在的综合复杂性进一步研究,并提出了以稳定运行和指标优化为目标的智能控制结构和方法。

3.2.1 控制思路

赤铁矿混合选别全流程的控制目标是如何将精矿品位和尾矿品位控制在工艺规定的范围内,并尽可能使得精矿品位接近工艺规定的上限,尾矿品位远离工艺规定的上限。在实际生产过程中,运行指标精矿品位和尾矿品位主要通过调整粗选浮选机矿浆液位、精选浮选机矿浆液位和扫选浮选机矿浆液位来实现,而浮选机矿浆液位是混合选别全流程重要的控制变量,一般通过调整浮选机出口调节阀的开度,使其跟踪设定值。此外,浓密过程底流矿浆浓度和矿浆流量作为影响精矿品位和尾矿品位的生产边界条件,直接影响混合选别全流程的药剂消耗和生产稳定,也要求同时将矿浆浓度和矿浆流量及其波动控制在工艺规定的范围内,一般通过调整底流矿浆泵转速实现矿浆浓度和矿浆流量的区间控制。因此,本书结合已有的针对具体工业过程的智能运行控制方法,采用由浮选机矿浆液位设定和浮选机矿浆液位跟踪控制组成的两层控制结构,同时针对给矿矿浆浓度和矿浆流量的控制问题,采用由给矿矿浆流量设定和跟踪矿浆流量设定值组成的串级控制结构。这样,将混合选别全流程的控制目标归纳为三个问题:①如何通过浮选机矿浆液位的设定,将精矿品位和尾矿品位控制在工艺规定的范围内,并尽可能使得精矿品位接近其上限值,尾矿品位远离上限值;②如何调整粗选、精选和扫选浮选机出口阀门开度,使得浮选机矿浆液位跟踪其设定值,从而实现精矿品位和尾矿品位的控制目标;③如何调整浓密机底流矿浆泵转速,使得浓密过程底流矿浆浓度和矿浆流量及其波动控制在工艺规定的范围内,从而保证混合选别全流程的安全、稳定高效运行。

上述控制策略也与工艺现场生产人员长期形成的操作习惯相一致。长期以来,工艺工程师根据精矿品位和尾矿品位指标的控制要求,观察矿石特性、给矿品位、给矿粒度、底流矿浆浓度和底流矿浆流量等边界条件,并结合精矿品位和尾矿品位的采样化验值,给出浮选机矿浆液位的设定值。操作员首先通过调整浮选机出口阀门开度,使得浮选机矿浆液位跟踪其设定值,从而将精矿品位和尾矿品位控制在目标值范围内。工艺工程师和操作人员等在生产过程中积累了大量专家经验知识,是实现上述混合选别过程的智能运行控制的基础。本书结合混合选别过程的工艺知识、操作经验和混合选别生产特点,采用案例推理和规则推理技术,设计了具有两层结构的混合选别过程智能运行控制方法,实现浮选机矿浆液位的智能设定。

由2.3.2节的特性分析可知，三级串联浮选机矿浆液位之间具有强耦合特性，与各出口阀门开度之间具有非线性特性，且受浮选入口矿浆流量随机波动的影响，对任一浮选机进行操作都会导致上游和下游浮选机矿浆液位的波动，常常会发生矿浆“冒槽”和“不刮泡”的故障工况。因此需要采用多变量自适应解耦的控制方法实现浮选机矿浆液位的控制。

另外由2.3.3节特性分析可知，浓密过程是一输入两输出的受大而频繁随机干扰影响的强非线性串级过程，控制目标要求将底流矿浆浓度和矿浆流量及其波动限制在工艺允许的范围内。因此，提出了底流浓度和底流流量的区间智能切换控制方法。同时，为了不频繁改变矿浆流量的设定值，需要采用切换的控制方法，根据混合选别浓密过程的实际运行工况来选择“保持”或者“补偿”给矿矿浆流量的设定值。另外，该过程难以采用精确的数学模型加以描述，因此基于模型的控制方法很难解决混合选别浓密过程中存在的非线性控制问题，而模糊控制是在基于模型的控制方法不能很好地进行控制时的一种有效选择。因此本书在总结人工操作经验的基础上，提出了模糊控制的方法解决浓密过程具有的难以采用精确数学模型进行非线性串级控制的难题。综上所述，将建模与控制相集成，采用模糊推理、规则推理、切换控制等智能控制方法和常规控制方法，提出了底流矿浆浓度和底流流量区间智能切换控制方法，通过调整底流矿浆泵转速，同时将矿浆浓度和矿浆流量及其波动控制在工艺规定的范围内。

本书在赤铁矿混合选别过程动态特性分析的基础上，针对混合选别全流程的实际控制要求，首先采用由浮选机矿浆液位设定和浮选机矿浆液位控制的两层控制结构，通过调整浮选机出口阀门开度，使得矿浆液位跟踪其设定值，从而保证精矿品位和尾矿品位指标在工艺规定的范围内。然后提出了由给矿矿浆流量设定和跟踪矿浆流量设定值控制组成的串级控制方法，通过调整底流矿浆泵转速，同时将矿浆浓度和矿浆流量控制在工艺规定的范围内，保证混合选别全流程的安全、稳定运行。

3.2.2 控制结构和功能

针对具有综合复杂性的赤铁矿混合选别全流程，在分析其控制目标及动态特性的基础上，通过总结分析优秀操作员的操作经验，本书提出了混合选别全流程整体控制策略，如图3.1所示。混合选别全流程整体控制策略包括：以将精矿品位和尾矿品位控制在工艺规定范围内为目标的混合选别全流程智能运行控制，由浮选机矿浆液位设定模块和浮选机矿浆液位解耦控制器两层结构组成；浓密过程底流矿浆浓度和流量区间切换控制，由底流矿浆流量设定智能切换控制器和底流矿浆流量 PI 控制器组成；再磨过程液位和浓度控制回路，由泵池液位 PI 控制和旋流器给矿浓度 PI 控制器组成。

(1)混合选别全流程智能运行控制。

混合选别全流程智能运行控制由浮选机矿浆液位设定模块和浮选机矿浆液位解耦控制器组成。浮选机矿浆液位设定层实现以精矿品位和尾矿品位控制为目标的浮选机矿浆液位设定功能。由于混合选别过程给矿品位、给矿粒度、底流矿浆浓度和底流矿浆流量等影响运行指标精矿品位和尾矿品位的边界条件变化频繁，操作员难以及时设定，因此采用矿浆液位设定层，根据运行指标的目标值和边界条件的变化设定和调整浮选机矿浆液位设定值，实现精矿品位和尾矿品位运行指标的控制。浮选机矿浆液位解耦控制主要是针对多输入多输出的浮选机矿浆液位系统，采用自适应解耦控制方法，通过调整浮选机出口阀门开度，使得矿浆液位跟踪其设定值，从而保证精矿品位和尾矿品位控制在工艺规定的目标值范围内。

(2)浓密过程底流矿浆浓度和流量区间切换控制。

浓密过程回路控制中，在对浓密过程的特性分析以及对人工操作经验总结的基础上，采用模糊推理和切换控制思想，提出了由底流矿浆流量设定控制和跟踪流量设定值控制两层结构组成的矿浆浓度和矿浆流量区间智能切换控制方法。在矿浆浓度和矿浆流量区间控制中，首先根据工艺规定的矿浆浓度的上下限和矿浆流量的上下限给出矿浆浓度和矿浆流量的参考值，由矿浆流量的静态模型给出矿浆流量的初始预设定值，然后采用智能切换控制方法，根据矿浆浓度和矿浆流量与实际检测值之间的偏差，给出当前时刻矿浆流量设定值的补偿值，同时通过矿浆流量 PI 控制器使得矿浆流量跟踪其设定值，从而将矿浆浓度和矿浆流量及其波动控制在工艺规定的范围内。

(3)再磨过程液位和浓度控制回路。

再磨过程回路控制中，旋流器给矿泵池液位关系到生产流程稳定和设备安全，因此，要保证矿浆液位稳定，而旋流器给矿浓度直接影响浮选过程的给矿粒度，也要将其控制在工艺规定的范围内。因再磨过程的来料磁选过程精矿矿浆比较稳定，波动不大，采用传统的 PI 控制器，就可以保证泵池液位和给矿浓度跟踪设定值。因再磨过程的控制问题简单，在后续的控制算法中就不再累述。

下面将分别介绍本书所提出的混合选别全流程智能运行控制，浓密过程底流矿浆浓度和流量区间切换控制的结构和功能。

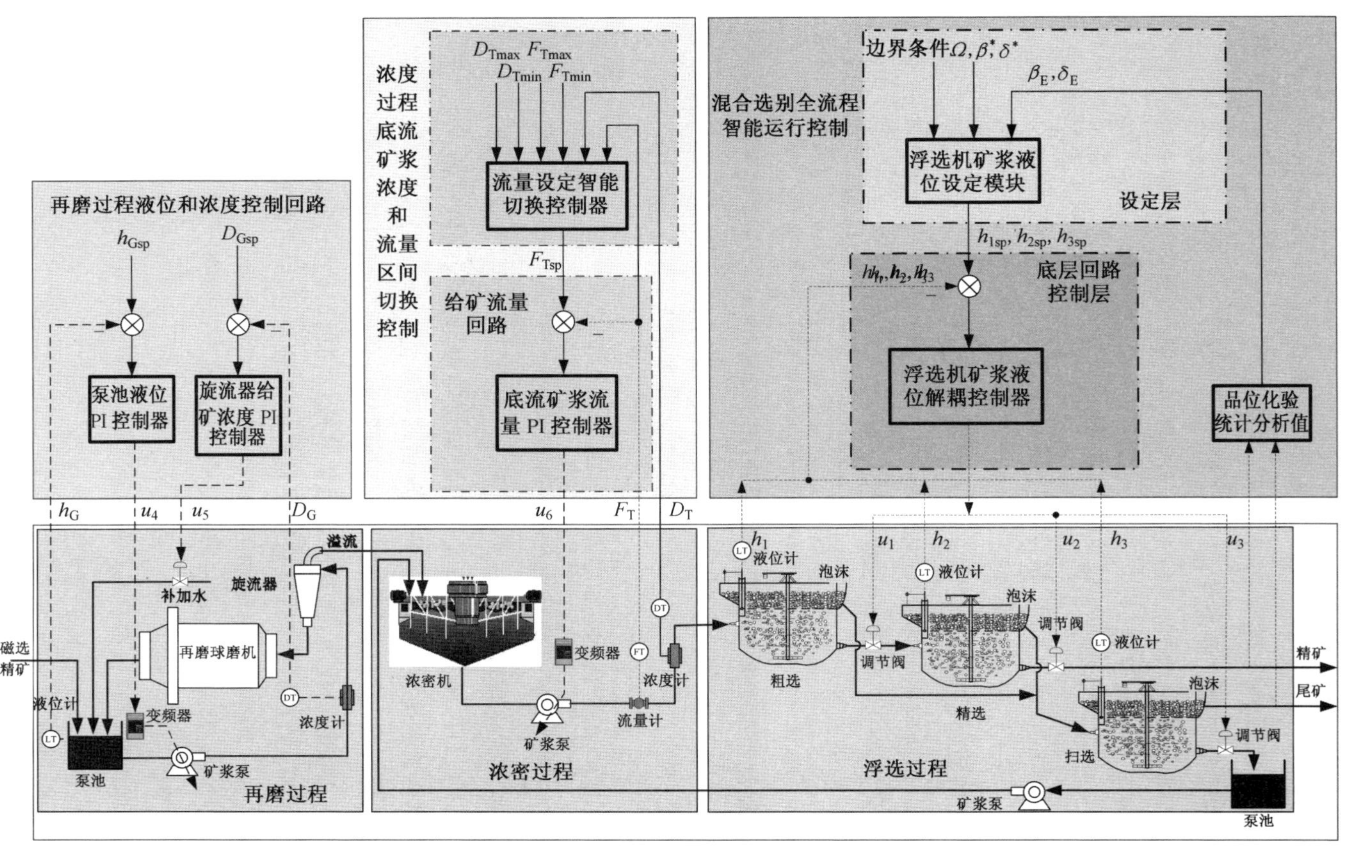

图 3.1　赤铁矿混合选别全流程整体控制策略

图 3.1 中,各个符号的含义如下。

β^*:精矿品位目标值,%;

δ^*:尾矿品位目标值,%;

Ω:浮选给矿的边界条件;

β_E:精矿品位化验值,%;

δ_E:尾矿品位化验值,%;

h_{1sp},h_{2sp},h_{3sp}:分别为粗选、精选、扫选浮选机矿浆液位设定值,m;

h_1,h_2,h_3:分别为粗选、精选、扫选浮选机矿浆液位检测值,m;

u_1,u_2,u_3:分别为粗选、精选、扫选浮选机出口阀门开度,%;

h_{Gsp}:旋流器给矿泵池液位的回路设定值,m;

h_G:旋流器给矿泵池液位检测值,m;

u_4:旋流器给矿矿浆泵转速,Hz;

D_{Gsp}:旋流器给矿浓度的回路设定值,%;

D_G:旋流器给矿矿浆浓度检测值,%;

u_5:旋流器给矿泵池补加水阀门开度,%;

D_{Tmax},D_{Tmin}:分别为工艺规定的底流矿浆浓度上、下限,%;

F_{Tmax},F_{Tmin}:分别为工艺规定的底流矿浆流量上、下限,m^3/h;

F_{Tsp}:底流矿浆流量的设定值,m^3/h;

D_T:底流矿浆浓度检测值,%;

F_T:底流矿浆流量的检测值,m^3/h;

u_6:底流矿浆泵转速,Hz;

FT、LT、DT:分别表示流量、液位、浓度等参数的检测传感器。

1. 混合选别全流程智能运行控制结构和功能

智能运行控制方法是将预设定与补偿相结合,综合使用案例推理技术、规则推理技术和软测量技术,通过浮选机矿浆液位预设定模块、前馈补偿器和反馈补偿器,将精矿品位和尾矿品位控制在目标值范围内,且尽可能提高精矿品位和降低尾矿品位。其控制结构图如图 3.2 所示。

图 3.2 中,各个符号的含义如下。

β^*:精矿品位目标值,%;

δ^*:尾矿品位目标值,%;

$d(t)$:浮选过程给矿矿浆粒度,%;

$\alpha(t)$:给矿矿浆品位,%;

$D_T(t)$:浓密过程底流矿浆浓度检测值,%;

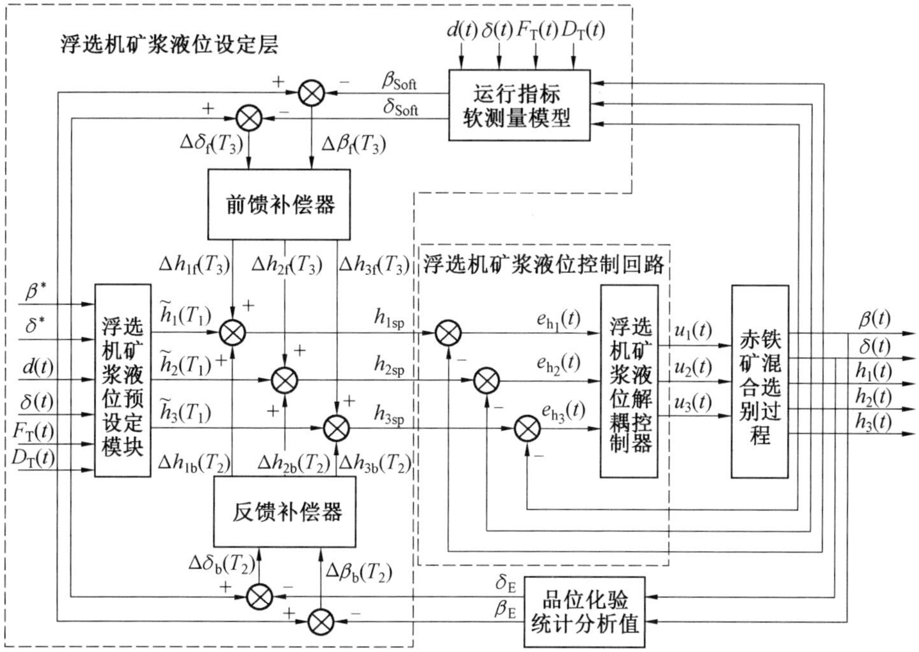

图 3.2　混合选别过程智能运行控制结构图

$F_T(t)$：浓密过程底流矿浆流量检测值，m^3/h；

β_E：T_2 时刻精矿品位化验值，%；

δ_E：T_2 时刻尾矿品位化验值，%；

$\Delta\beta_b(T_2)$：T_2 时刻精矿品位目标值与化验值的偏差，%；

$\Delta\delta_b(T_2)$：T_2 时刻尾矿品位目标值与化验值的偏差，%；

β_{Soft}：精矿品位软测量结果，%；

δ_{Soft}：尾矿品位软测量结果，%；

$\Delta\beta_f(T_3)$：T_3 时刻精矿品位目标值与软测量结果的偏差，%；

$\Delta\delta_f(T_3)$：T_3 时刻尾矿品位目标值与软测量结果的偏差，%；

$\tilde{h}_1(T_1)$，$\tilde{h}_2(T_1)$，$\tilde{h}_3(T_1)$：分别为 T_1 时刻粗选、精选和扫选浮选机矿浆液位预设定值，m；

$\Delta h_{1b}(T_2)$，$\Delta h_{2b}(T_2)$，$\Delta h_{3b}(T_2)$：分别为基于化验值的粗选、精选和扫选矿浆液位补偿值，m；

$\Delta h_{1f}(T_3)$，$\Delta h_{2f}(T_3)$，$\Delta h_{3f}(T_3)$：分别为基于软测量的粗选、精选和扫选矿浆液位补偿值，m；

h_{1sp},h_{2sp},h_{3sp}:分别为粗选、精选和扫选矿浆液位设定值,m;

$e_{h1}(t)$,$e_{h2}(t)$,$e_{h3}(t)$:分别为粗选、精选和扫选矿浆液位设定值与检测值之间的偏差;

$u_1(t)$,$u_2(t)$,$u_3(t)$:分别为粗选、精选和扫选浮选机出口阀门开度,%。

如图 3.2 所示,赤铁矿混合选别全流程智能运行控制由浮选机矿浆液位设定层和浮选机矿浆液位回路控制组成。其中浮选机矿浆液位设定层包括浮选机矿浆液位预设定模块、运行指标软测量模型、前馈补偿器和反馈补偿器。各部分功能如下。

(1)浮选机矿浆液位预设定模块。

浮选机矿浆液位预设定模块通过总结优秀操作员的成功操作经验,将混合选别过程的输入输出数据形成案例库。采用案例推理(case-based reasoning,CBR)算法对过去成功的经验和知识进行推理,根据精矿品位目标值 β^* 和尾矿品位目标值 δ^*,判断矿石性质的边界条件浮选给矿粒度 $d(t)$、给矿品位 $\alpha(t)$、底流矿浆浓度 $D_T(t)$ 和底流矿浆流量 $F_T(t)$。给出当前工况下满足运行指标要求的粗选、精选和扫选浮选机矿浆液位的预设定值($\tilde{h}_1(T_1)$,$\tilde{h}_2(T_1)$,$\tilde{h}_3(T_1)$)。

(2)运行指标软测量模型。

运行指标软测量模型根据过程检测数据底流矿浆浓度 $D_T(t)$、底流矿浆流量 $F_T(t)$、粗选浮选机矿浆液位 $h_1(t)$、精选浮选机矿浆液位 $h_2(t)$ 和扫选浮选机矿浆液位 $h_3(t)$,以及给矿粒度化验值 $d(t)$、给矿品位化验值 $\alpha(t)$,采用主元分析与极限学习机(PCA－ELM)方法建立软测量模型,计算精矿品位和尾矿品位的软测量结果 β_{Soft} 和 δ_{Soft}。

(3) 前馈补偿器。

基于软测量反馈补偿器,根据精矿品位目标值与精矿品位软测量值的偏差 $\Delta\beta_f(T_3)=\beta^*-\beta_{Soft}$ 和尾矿品位目标值与尾矿品位软测量值的偏差 $\Delta\delta_f(T_3)=\delta^*-\delta_{Soft}$,采用规则推理的方法,给出浮选机矿浆液位设定的前馈补偿值 $\Delta h_{1f}(T_3)$,$\Delta h_{2f}(T_3)$,$\Delta h_{3f}(T_3)$,调整浮选机矿浆液位设定值。

(4)反馈补偿器。

基于化验值反馈补偿器,根据精矿品位目标值与精矿品位软化验值的偏差 $\Delta\beta_b(T_2)=\beta^*-\beta_E(T_2)$ 和尾矿品位目标值与尾矿品位化验值的偏差 $\Delta\delta_b(T_2)=\delta^*-\delta_E(T_2)$,采用规则推理的方法,给出浮选机矿浆液位设定的反馈补偿值 $\Delta h_{1b}(T_2)$,$\Delta h_{2b}(T_2)$,$\Delta h_{3b}(T_2)$,调整浮选机矿浆液位设定值。

智能运行控制的实现不仅要给出合适的设定值,保证过程变量跟踪其合适的设定值尤为重要。

针对浮选机矿浆液位系统是一类具有强耦合、不确定性的非线性过程，在控制器设计过程中，一要考虑系统的非线性特性，使得控制器能够有效消除非线性对系统所带来的影响；二要考虑系统的强耦合特性，控制器尽可能消除多个回路之间的耦合作用；三要考虑扰动和不确定参数对系统所带来的影响。综上所述，目前工业过程中所采用的常规控制方法均不能满足上述要求，这对我们将要设计的控制器提出很大的挑战，即不仅要满足控制系统跟踪性和抗干扰性等方面的要求，还要在不确定参数影响下使控制系统获得较好的控制性能，从而保证浮选机矿浆液位运行在最佳工作范围内。

将反馈控制器、解耦补偿器和非线性补偿器相结合，提出了如图 3.3 所示的由线性解耦控制器、非线性解耦控制器和切换机制组成的自适应解耦控制策略，用来控制系统输出 $h(k)$ 跟踪参考输入 $h_{sp}(k)$。

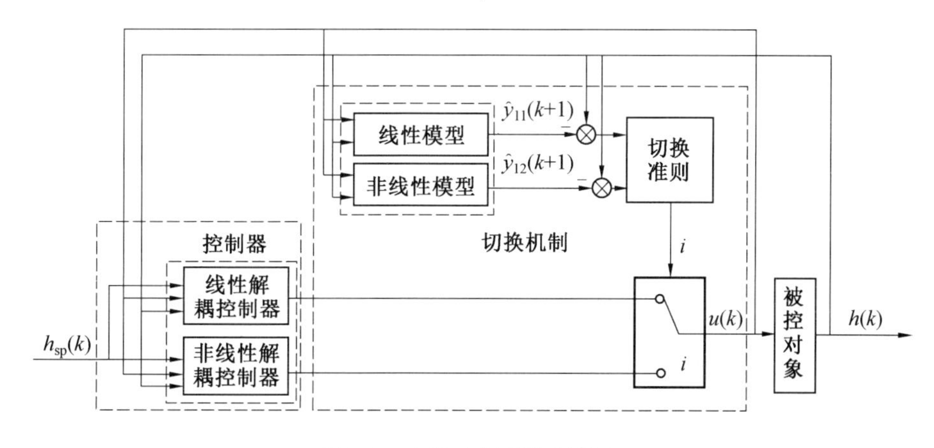

图 3.3　自适应解耦控制策略

线性自适应解耦控制器能够保证闭环控制系统稳定，但没有考虑非线性特性对系统的影响，因此当非线性项很大时，线性自适应解耦控制器很难获得理想的控制性能指标。非线性自适应解耦控制器能有效降低非线性对系统输出所带来的影响，提高系统的暂态特性，但其没有考虑闭环系统的稳定性。切换机制通过基于误差的性能指标实现线性解耦控制器和非线性自适应解耦控制器的有效切换，在保证控制系统稳定的基础上，改善控制系统的性能指标。

2. 浓密过程底流矿浆浓度和流量区间智能切换控制结构和功能

通过总结优秀操作员的操作经验，在被控过程特性分析的基础上，考虑到底流矿浆浓度和流量控制目标是区间，将模糊控制、规则推理、切换控制和串级控制相结合，提出了如图 3.4 和图 3.5 所示的由外环流量设定智能切换控制和内环跟踪流量设定值控制组成的矿浆浓度与矿浆流量区间串级控制结构。其中，外环矿浆流量设定智能切换控制由基于流量稳态模型的流量预设定、基于模糊推理矿浆流量设定值补偿、基于规则推理流量设定值保持和基于规则推理切换机制组成；内环为流量 PI 控制器。

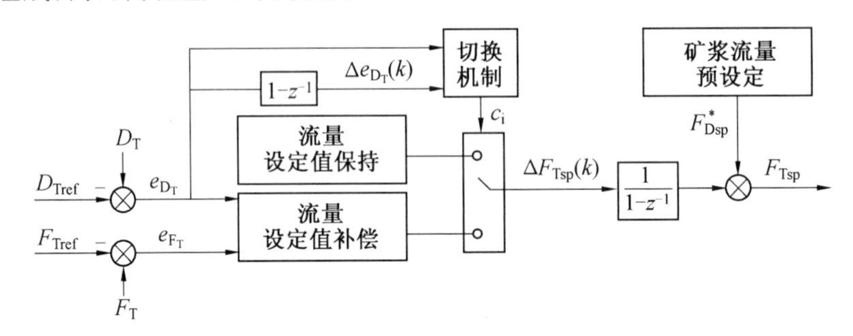

图 3.4 流量设定智能切换控制结构

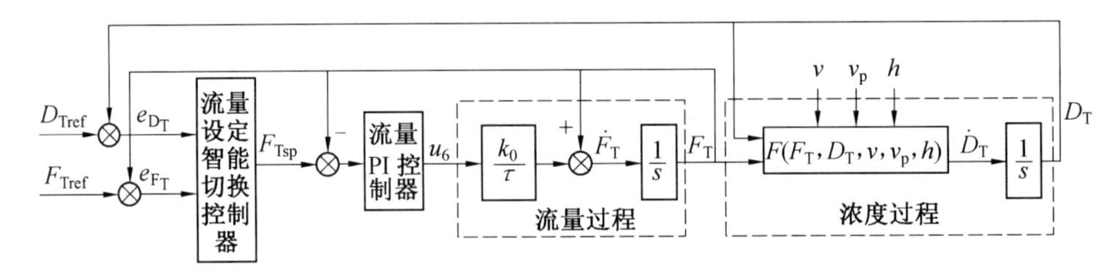

图 3.5 混合选别浓密过程底流矿浆浓度和流量区间串级控制结构

矿浆浓度和流量区间智能切换控制各部分功能如下。

(1)矿浆流量预设定。

为使底流矿浆浓度在目标值范围内调节的区间尽可能大，选择底流矿浆浓度的设定值 $D_{Tref}=(D_{Tmax}+D_{Tmin})/2$，由式(2.35)可得流量稳态模型，产生矿浆流量初始设定值 F^*_{Tsp}。

(2)基于模糊推理矿浆流量设定值补偿。

为使底流矿浆流量在目标值范围内调节的区间尽可能大，选择矿浆流量的参考值 $F_{Tref}=(F_{Tmax}+F_{Tmin})/2$。以底流矿浆浓度 $D_T(t)$ 与其参考值 D_{Tref} 的偏差 $e_{D_T}(t)=D_{Tref}-D_T(t)$，以及矿浆流量 $F_T(t)$ 与其参考值 F_{Tref} 的偏差 $e_{F_T}(t)=F_{Tref}-F_T(t)$ 为输入，由模糊推理产生矿浆流量设定补偿值 $\Delta F_{Tsp}(t)$，通过计算得出矿浆流量设定值 $F_{Tsp}(k)=F^*_{Tsp}+\sum_{i=1}^{t}\Delta F_{Tsp}(i)$。

(3)流量设定值保持。

流量设定值保持模块的主要功能是保证矿浆流量补偿值与上一时刻一致，

保持原设定值不变，即 $\Delta F_{\mathrm{Tsp}}(t)=0, F_{\mathrm{Tsp}}(t)=F_{\mathrm{Tsp}}(t-1)$。

(4)基于规则推理切换机制。

切换机制根据底流矿浆浓度偏差 $e_{D_{\mathrm{T}}}(t)$ 和偏差变化率 $\Delta e_{D_{\mathrm{T}}}(t)$，采用规则推理方法，实现矿浆流量设定值补偿器和保持器的切换。当矿浆浓度偏差 $|e_{D_{\mathrm{T}}}(t)|>\varepsilon$ 且 $e_{D_{\mathrm{T}}}(t)\cdot\Delta e_{D_{\mathrm{T}}}(t)>0$，切换到矿浆流量设定补偿器，由补偿器给出矿浆流量设定的补偿值 $\Delta F_{\mathrm{Tsp}}(t)$；当矿浆浓度偏差 $|e_{D_{\mathrm{T}}}(t)|\leqslant\varepsilon$，或者 $|e_{D_{\mathrm{T}}}(t)|>\varepsilon$ 且 $e_{D_{\mathrm{T}}}(t)\cdot\Delta e_{D_{\mathrm{T}}}(t)\leqslant 0$ 时，切换到矿浆流量设定保持器。

3.3 智能运行控制算法

智能运行控制包括浮选机矿浆液位设定层和底层浮选机矿浆液位跟踪控制，本节将分别详细介绍设定层及底层控制回路的控制算法。

3.3.1 浮选机矿浆液位智能设定算法

浮选机矿浆液位智能设定算法由基于案例推理的预设定算法、基于 PCA－ELM 的软测量算法、基于规则推理的前馈补偿算法和基于规则推理的反馈补偿算法组成。

1. 基于案例推理的浮选机矿浆液位预设定算法

(1)案例推理简介。

案例推理(CBR)是近年来人工智能领域中兴起的一项重要的问题求解和学习的推理技术，它利用过去经验中的特定知识即具体案例来解决新问题。案例推理技术最早由美国耶鲁大学的 Schank 在 1982 出版的专著 *Dynamic Memory: A Theory of Reminding and Learning in Computers and People* 中提出。在这本专著中 Schank 提出了利用专家的经验与知识和利用专门的实例两种方法实现专家系统推理过程的设想，并在 1985 年首次使用了 case-based reasoning 这一术语，为案例推理技术的建立奠定了基础。

基于案例的推理是以自然界的两大原则为理论前提的，一个原则是世界是规则的，即相似的问题有相似的求解方法和过程；另一个原则是事物总是会重复出现，即遇到的相似问题总是会重复出现的。案例推理技术无须显示的领域知识模型，克服了基于规则推理方法的"知识获取瓶颈"问题，能够从新的案例中获得知识，这与人类的思维过程很相似。案例推理的实质是利用以往成功或失败的经验案例经过推理得到当前问题的解，模拟人类求解问题的思路，通过修改已有的解决方案满足求解新问题的需要，评价新方案，解答新问题。案例推理技术是以领域内案例或累积的经验作为储存知识的基础，针对新的问题加以定义及描述，以便撷取及应用，并以“模拟”“转换”“调整”“合并”等手法修改原有的解决方案以适应新的情况。由于案例推理的方法模仿人类解决问题和不断学习的方式，即从自己或者他人以往的经验去处理将来出现的新问题，大大缩短了解决问题的时间，从而减少了相应的耗费。在出现近三十年的时间里，这种方法在工业过程建模、复杂工业过程的运行控制、辅助医疗诊断、环境监测、污水处理、天气预报等领域得到了广泛的应用。

案例推理的前提是要根据已有的经验知识建立一个案例库。根据具体领域或者具体提问的特点，每一条经验被表示成一个案例。一个案例包括对几个已经提取特征的描述，以及相应案例的解决方案。类似于人解决新问题的思考过程，基于案例推理的原理是基于已有的经验，从案例库中搜索和新问题相似的案例，然后通过比较新、旧问题发生的背景和时间差异，对相似的旧案例解决方案进行适当调整和修改，得出新问题的处理方案。案例推理的过程可以看作一个4R(retrieval，reuse，revise，retain)的循环过程(有的学者认为是5R，其中还包括案例的表示(representation))，即：案例检索(retrieval)，检索与问题描述相同或相似的案例；案例重用(reuse)，重用相同或相似案例的解；案例修正(revise)，修正所得的案例解使之适用于新问题；案例存储(retain)，一旦案例解被验证有效时，将其保留在案例库中。案例推理周期示意图如图 3.6 所示。

从图 3.6 中可以看到，基于案例推理方法解决问题的基本过程为：一个待解决的新问题出现，提取其特征属性并形成特征值向量形式的目标案例；利用目标案例的描述信息在历史案例库中查询过去相似的案例，即对案例库进行检索，检索出与目标案例相类似的源案例，由此获得对新问题的一些解决方案；如果这个解答方案失败将对其进行调整，以获得一个能保存的成功案例。这个过程结束后，可以获得目标案例的较完整的解决方案，若源案例未能给出正确合适的解，则通过案例修正并保存可以获得一个新的源案例。在案例推理过程中，案例表示、案例检索和案例修正是案例推理研究的核心问题。绝大多数现有的案例推理系统基本上都是案例检索和案例重用的系统，而案例修正通常是由案例推理系统的管理员来完成的。

(2)基于案例推理的预设定算法。

案例推理技术易于融合专家经验与积累知识，通过案例库中知识的更新，增强学习推理能力和决策能力，逐步提高系统性能。基于案例推理的建模直接援引过去的知识和经验，避免一切从头开始，从而一开始就直指问题的核心，模型训练简单有效，没有局部极小值问题，而且基于案例推理的建模具有很强的自主

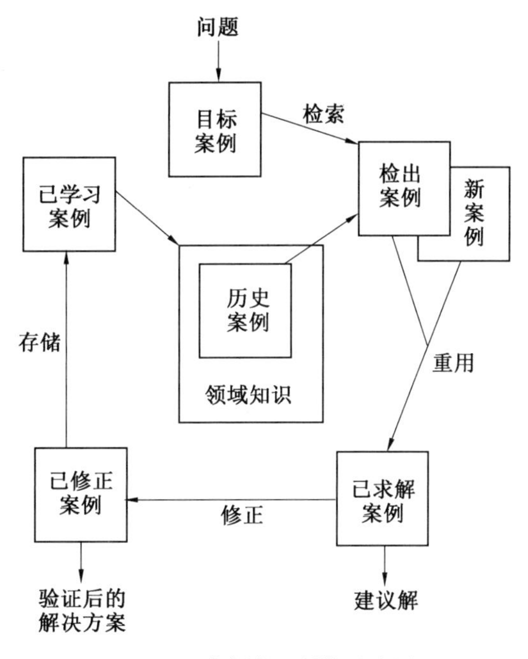

图 3.6　案例推理周期示意图

学习的能力，是一种增量式学习方法，通过学习过程中不断增加新案例，修改旧案例，提高自己的判断推理能力。

为了在混合选别过程智能运行设定控制过程中充分利用和吸收操作工程师的专家经验，提出了基于案例推理（CBR）的控制回路预设定模块。该 CBR 模块首先是读取当前生产过程运行工况特征，并根据工况特征在案例库中检索出相似案例，根据相似度阈值进行匹配和重用，将与当前工况描述得到的案例解进行案例评价和修正，并作为基础控制回路的预设定值，其控制结构如图 3.7 所示。

从图 3.7 可知，CBR 模型主要包括主导变量和辅助变量的选择、历史案例、案例检索、案例重用、案例修正、案例存储等几个过程。

①主导变量和辅助变量的选择。

在熟悉被控对象以及整个工艺流程的基础上，明确各工艺参数的范围和工况边界条件，结合现场工艺人员对工业过程的介绍和分析，确定：哪些可控变量可以影响到工艺指标，如产品产量和产品质量；哪些工艺参数可以反映工业流程的运行状况或设备的运行状况；哪些工艺参数无法测量但可以通过其他办法得到，并对生产也有很大的影响；并以此为依据，选择那些影响工艺参数的可控变量为主导变量，同时也为案例推理模型的解；选择那些关键工艺指标、工艺参数、

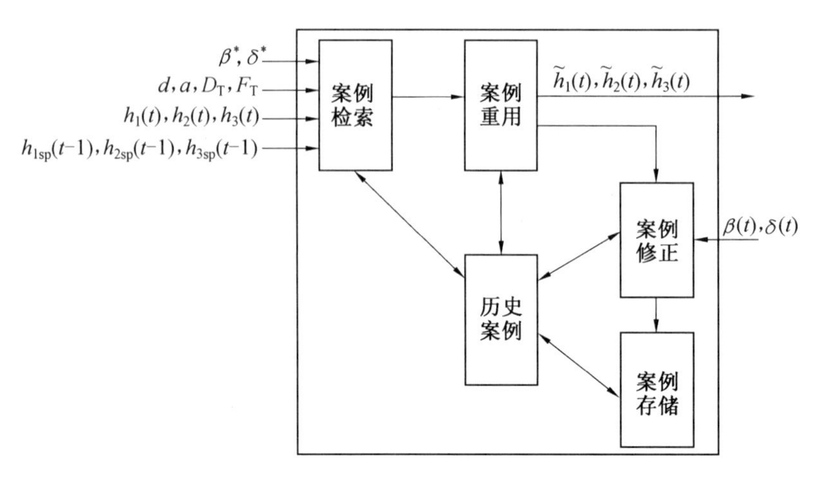

图 3.7 基于 CBR 的回路预设定模型结构图

边界条件、反映设备运行状况和工业流程状况的变量为辅助变量。

根据 2.3.1 节特性分析，并结合生产现场优秀操作员的操作经验，选择浮选机矿浆液位上次设定值 $h_{1sp}(t-1)$、$h_{2sp}(t-1)$、$h_{3sp}(t-1)$，选择精矿品位目标值 β^*、尾矿品位目标值 δ^* 和给矿粒度 d、给矿品位 α、给矿浓度 D_T、给矿流量 F_T、矿石可选性 S_B 等生产边界条件 Ω 作为案例描述特征，则 $\boldsymbol{F}=[\beta^*,\delta^*,h_{1sp},h_{2sp},h_{3sp},d,\alpha,D_T,F_T,S_B]^T$；案例解为控制回路的预设定值 $\tilde{\boldsymbol{H}}_{sp}=[\tilde{h}_{1sp},\tilde{h}_{2sp},\tilde{h}_{3sp}]^T$。

案例描述中各特征的取值范围和属性类型见表 3.1。

表 3.1 案例描述中各特征的取值范围和属性类型

序号	特征	范围	类型
1	精矿品位目标值/%	[58, 64]	数值型
2	尾矿品位目标值/%	[15, 24]	数值型
3	粗选浮选机矿浆液位/m	[4.0, 4.4]	数值型
4	精选浮选机矿浆液位/m	[3.8, 4.2]	数值型
5	扫选浮选机矿浆液位/m	[3.6, 4.0]	数值型
6	给矿粒度/%	[85, 95]	数值型
7	给矿品位/%	[52, 56]	数值型
8	给矿浓度/%	[31, 35]	数值型
9	给矿流量/($m^3\cdot h^{-1}$)	[340, 420]	数值型
10	矿石可选性	1, 2, 3	枚举型

②历史案例。

历史案例是对已有经验和知识的一种描述，即用一些约定的符号把知识编码成一组计算机可以接受的数据结构。历史案例是形成案例库的基础，合理的案例表示能够有效地提高案例推理过程的求解效率。

目前，案例推理中常用的知识表示方法有一阶谓词表示法、产生式规则表示法、语义网络表示法、框架表示法、面向对象表示法及一些不确定知识的表示法。其中，框架表示法具有适应性强、概括性高、推理方式灵活、易于将陈述性知识和过程知识相结合的优点，因此，本书采用框架表示法进行混合选别过程智能运行控制的案例描述，其结构如图 3.8 所示。

案例库用来存储过去案例的存储空间，每一条案例都以一定的方式存放在案例库中。一个典型的案例主要包括两部分，即问题描述和解决方案描述。由于混合选别过程设定值不断变化，时间特征对设定值也有不同的参考价值，时间越近的控制信息越具有参考价值，因此本书提出的案例推理系统的案例包括问题描述、解决方案和时间特征三部分，即

$$C_k = \{T_k, F_k, J_k\}$$

式中　C_k——第 k 条案例（k 为案例数量，$k=1,\cdots,m$）；

T_k——案例产生时间；

F_k——C_k 的案例描述特征，$F_k=(f_{1,k},\cdots,f_{10,k})$；

$f_{1,k}$——精矿品位目标值 β^*；

$f_{2,k}$——尾矿品位目标值 δ^*；

$f_{3,k}$——前一次粗选浮选机矿浆液位设定值 $h_{1sp}(t-1)$；

$f_{4,k}$——前一次精选浮选机矿浆液位设定值 $h_{2sp}(t-1)$；

$f_{5,k}$——前一次扫选浮选机矿浆液位设定值 $h_{1sp}(t-1)$；

$f_{6,k}$——给矿粒度化验值 d；

$f_{7,k}$——给矿品位化验值 α；

$f_{8,k}$——给矿浓度检测值 D_T；

$f_{9,k}$——给矿流量检测值 F_T；

$f_{10,k}$——矿石可选性 S_B；

J_k——案例 C_k 的解特征，$J_k=(j_{1,k},j_{2,k},j_{3,k})$；

$j_{1,k},j_{2,k},j_{3,k}$——粗选、精选和扫选液位控制回路预设定值。

案例的表示结构如表 3.2 所示。

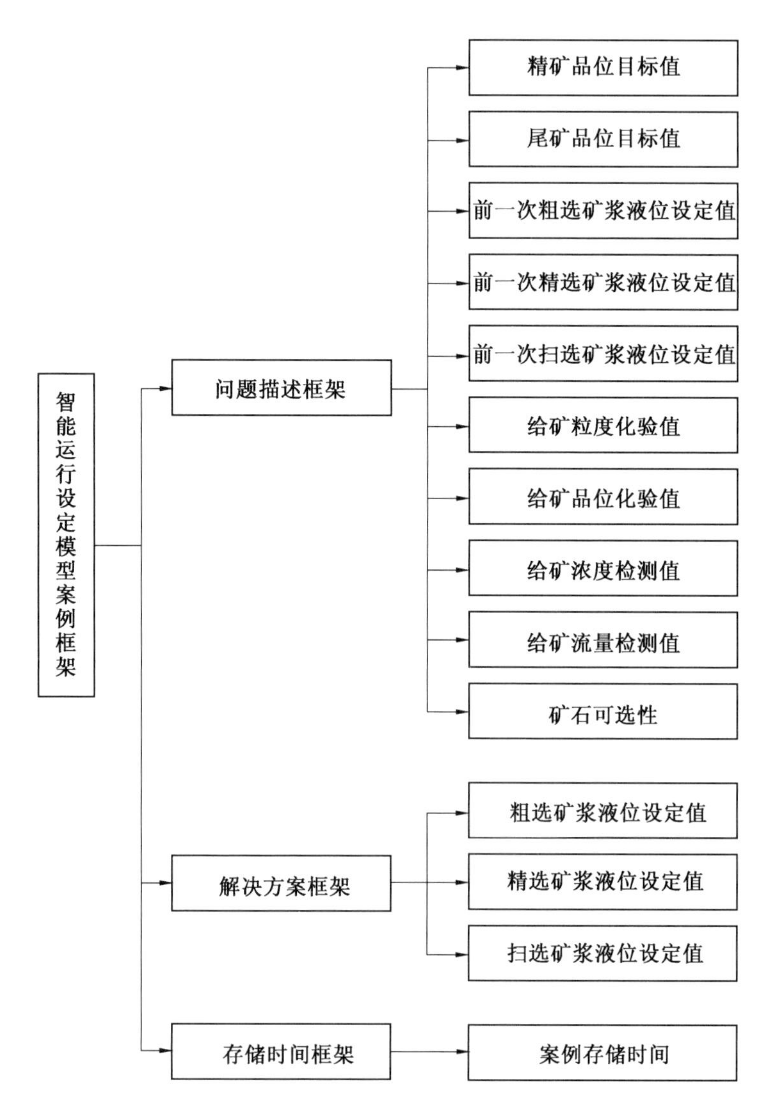

图 3.8 智能运行设定模型案例的框架结构

表 3.2 CBR 预设定模型中案例 C_k 的案例表示

案例描述 F_k										案例解 J_k			时间
β^*	δ^*	$h_{1sp}(t-1)$	$h_{2sp}(t-1)$	$h_{3sp}(t-1)$	d	α	D_T	F_T	S_B	$\tilde{h}_{1sp}$	$\tilde{h}_{2sp}$	$\tilde{h}_{3sp}$	T
f_1	f_2	f_3	f_4	f_5	f_6	f_7	f_8	f_9	f_{10}	j_1	j_2	j_3	t

如在边界条件 $\boldsymbol{\Omega}=[93.4,54.6,32.2,390.8,2]$，精矿品位和尾矿品位目标值$[\beta^*,\delta^*]=[60.5,16.5]$，上一次的粗选、精选和扫选矿浆液位基础回路设定值为$[h_{1sp}(t-1),h_{2sp}(t-1),h_{3sp}(t-1)]=[4.25,3.95,3.85]$的工况条件下，该案例的工况描述可以表示为

$$\boldsymbol{F}_k=[60.5,16.5,4.25,3.98,3.83,93.4,54.6,32.2,390.8,2]$$

经过参数调整后得到了控制回路预设定值为 $\boldsymbol{J}_k=[\tilde{h}_{1sp},\tilde{h}_{2sp},\tilde{h}_{3sp}]=[4.23,4.02,3.85]$，案例存储时间 2016 年 3 月 9 日 9 时 28 分，即 $T_k=[201603090928]$，则上述工况条件下的案例可以表示为

$$\begin{aligned}\boldsymbol{C}_k &=\{\boldsymbol{F}_k,\boldsymbol{J}_k\}\\ &=\{60.5,16.5,4.25,3.98,3.83,93.4,50.6,32.2,390.8,2,4.23,4.02,3.85\}\end{aligned}$$

存储时间为 $\boldsymbol{T}_k=[201603090928]$

从而，由案例工况描述、案例解和存储时间 T 共同组成了一条具体案例。

③案例检索。

案例检索的主要目的是根据新问题的描述从案例库中检索出最佳案例作为新问题的求解依据。常用的案例检索相似度计算方法有距离度量法、最近邻算法、归纳推理法、知识引导法和模板检索法。本书的问题描述特征中包括数值型和枚举型变量，因此，采用基于枚举型特征的层次检索和基于数值型特征的距离度量法相结合的案例检索方法。

本书将案例库中的案例组织成三层结构，第一层按照矿石可选性“好”“中”“差”分为三个节点；第二层为典型案例层，对应矿石可选性，根据粗选矿浆液位 h_1、精选矿浆液位 h_2 和扫选矿浆液位 h_3 三个主要变量，在其取值范围内分为三段，经过组成共得到 81 种工况；第三层为普通案例层，即案例推理系统在运行过程中学习得到的案例，存入相应的典型案例的下一层。案例库层次结构如图3.9所示。矿石可选性为“中”的典型案例如表 3.3 所示。

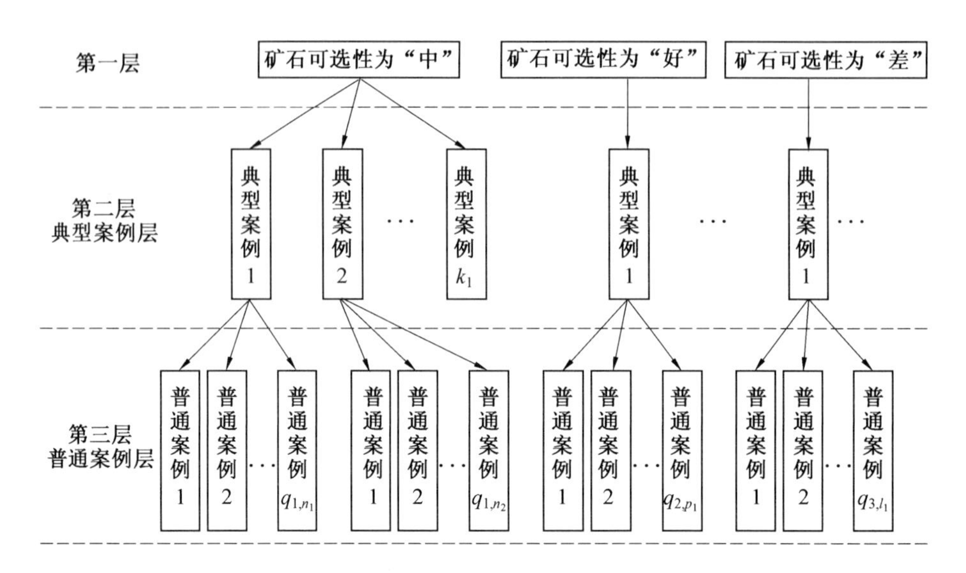

图 3.9 智能运行预设定模型案例库层次结构

表 3.3 矿石可磨性为“中”的典型案例

序号	案例描述 F										案例解 J		
	β^*	δ^*	$h_{1sp}(t-1)$	$h_{2sp}(t-1)$	$h_{3sp}(t-1)$	d	α	D_T	F_T	S_B	$\tilde{h}_{1sp}$	$\tilde{h}_{2sp}$	$\tilde{h}_{3sp}$
	f_1	f_2	f_3	f_4	f_5	f_6	f_7	f_8	f_9	f_{10}	j_1	j_2	j_3
1	60.82	17.23	4.21	4.05	3.84	92.7	54.5	32.4	375	2	4.23	4.07	3.80
2	60.96	18.42	4.16	4.07	3.90	90.8	54.8	32.6	368	2	4.19	4.05	3.85
3	61.05	18.68	4.20	4.11	3..87	92.6	55.9	32.3	380	2	4.17	4.06	3.82
…	…	…	…	…	…	…	…	…	…	…	…	…	…
26	60.85	17.34	4.19	4.03	3.82	91.1	54.5	32.7	377	2	4.15	4.01	3.79
27	60.73	16.94	4.15	3.96	3.79	91.8	55.1	31.9	392	2	4.18	4.05	3.85

假设当前问题案例的描述为

$C_{in}=\{f_1=60.85\%,\ f_2=16.3\%,\ f_3=4.23\ \text{m},\ f_4=4.06\ \text{m},\ f_5=3.92\ \text{m},\ f_6=93.6\%,\ f_7=54.9\%,\ f_8=33.2\%,\ f_9=376.3\ \text{m}^3/\text{h},\ f_{10}=2\}$，则针对问题案例在案例库中的检索过程如下。

第一步：根据新问题案例的矿石可选性在第一层节点上查找相应节点对应的子案例库。该问题案例的矿石可选性为“中”($f_{10}=1$)，查找矿石可选性为“中”的子案例库，准备进行下一步搜索。

第二步：在第二层典型案例库中查找相应第一层节点对应的子案例库中与新问题案例相似的典型案例节点。在第二层对应矿石可选性为“中”的节点上共有27条典型案例，利用近邻算法（nearest-neighbour algorithm，NNA）对问题案例与相应子案例库中的27条典型案例逐个进行比较（比较案例中的10条问题描述特征），计算当前新问题案例 C_{in} 与子案例库中的典型案例 C_k 的相似度 SIM（C_{in}，C_k），并进行相似度由低到高排序。问题案例 C_{in} 与典型案例的相似度 SIM（C_{in}，C_k）定义如下：

$$\mathrm{SIM}(C_{in},C_k)=\frac{\sum_{i=1}^{9}\omega_i \mathrm{sim}(f_i,f_{i,k})}{\sum_{i=1}^{9}\omega_i} \quad i=1,2,\cdots,9,\ k=1,2,\cdots,27 \tag{3.3}$$

式中 ω_i——案例特征权值；

$\mathrm{sim}(f_i,f_{i,k})$——问题案例和典型案例库中第 k 条案例的第 i 个描述特征的相似度，可由下式表示

$$\mathrm{sim}(f_i,f_{i,k})=1-\frac{|f_i-f_{i,k}|}{\max\{f_i\}-\min\{f_i\}} \quad i=1,2,\cdots,10 \tag{3.4}$$

其中 $\max\{f_i\}-\min\{f_i\}$ 为案例描述特征 f_i 的正常工作范围。以问题案例 C_{in} 与表3.3所示的案例库中的第一条典型案例的各案例描述特征的相似度计算为例，案例相似计算过程如下：

$\mathrm{sim}(f_1,f_{1,1})=1-|60.85-60.82|/(64-58)=0.995$

$\mathrm{sim}(f_2,f_{2,1})=1-|16.3-17.23|/(24-15)=0.897$

$\mathrm{sim}(f_3,f_{3,1})=1-|4.23-4.21|/(4.4-4)=0.95$

$\mathrm{sim}(f_4,f_{4,1})=1-|4.06-4.05|/(4.2-3.8)=0.975$

$\mathrm{sim}(f_5,f_{5,1})=1-|3.92-3.84|/(4-3.6)=0.8$

$\mathrm{sim}(f_6,f_{6,1})=1-|93.6-92.7|/(95-85)=0.91$

$\mathrm{sim}(f_7,f_{7,1})=1-|54.9-54.5|/(56-52)=0.9$

$\mathrm{sim}(f_8,f_{8,1})=1-|33.2\%-32.4\%|/(35\%-31\%)=0.8$

$\mathrm{sim}(f_9,f_{9,1})=1-|376.3-375|/(420-340)=0.984$

因此，问题案例 C_{in} 与表3.3所示的子案例库中第一条典型案例 C_1 的相似度为

$$\mathrm{SIM}(C_{in},C_1)=\frac{\sum_{i=1}^{9}\omega_i \mathrm{sim}(f_i,f_{i,1})}{\sum_{i=1}^{9}\omega_i}=0.92 \tag{3.5}$$

其中案例描述特征权值 ω 采用稍后介绍的两两比较法确定后，分别取为{0.35，0.35，0.4，0.4，0.4，0.25，0.25，0.2，0.1}，最终得到新案例与该条案例的相似度为 0.92。以此类推，计算新案例与第二层节点中所有典型案例的相似度，最终找出案例相似度最大的典型案例节点 k，即

$$\mathrm{SIM}(C_{\mathrm{in}},C_k)=\max\{\mathrm{SIM}(C_{\mathrm{in}},C_i)\} \quad i=1,2,\cdots,27 \tag{3.6}$$

第三步：从典型案例的节点 k 出发，再一次利用最近邻算法让新问题案例与相应典型案例节点 k 下子案例库中左右的普遍案例逐个进行比较，最终检索出问题案例 C_{in} 与普通案例库中相似度大于给定的相似度阈值 SIM_v 的所有相似案例。相似度阈值 SIM_v 确定是经过离线实验和专家确定的，本书中选取 $\mathrm{SIM}_v=0.86$，最大相似度定义为

$$\mathrm{SIM}_{\max}=\max(\mathrm{SIM}(C_{\mathrm{in}},C_k)) \quad k=1,2,\cdots \tag{3.7}$$

采用如下列两条原则，确定最终检索出的案例：

a. 当最大相似度 $\mathrm{SIM}_{\max}\geqslant\mathrm{SIM}_v$，取相似度大于 SIM_v 的案例为检索出的案例。

b. 当最大相似度 $\mathrm{SIM}_{\max}<\mathrm{SIM}_v$，检索出相似度最大的一条案例，修正后使用。

从上述叙述可以看出，案例检索过程首先查找第一层矿石可磨性所对应的节点子案例 Sub_1，再在该节点下找出典型案例的第二层对应节点 k 下的子案例库 Sub_2，最后在对应的第三层子案例库 Sub_3 中对所有普通案例进行最近邻算法检索，本书采用层次检索与相联检索相结合的检索方式，避免了检索案例库中的所有案例，可以降低案例检索的计算量，提高检索速度。

由上述第二步可以看出，各案例问题描述特征的相对权重 ω 如何选取是案例检索的关键。权重系数的大小反映了案例相似性评估中各问题描述特征属性的相对重要程度，是专家对领域知识的理解、专家经验和决策者意志的体现，取值的好坏直接影响案例的检索精度。常用的权重确定方法有专家咨询法、成对比较法、调查统计法、无差异折中法以及相关分析法等。针对浮选机矿浆液位预设定案例的特点，在不同矿石可选性的条件下，案例问题描述特征属性的重要性有所不同，相应权重也应有所不同。本书根据专家经验，采用成对比较法确定案例问题描述特征属性的权重。

成对比较法首先需要建立两两相对比较判断矩阵，由专家凭经验对每个问题描述的特征属性的重要程度进行打分，对两个属性的重要程度进行比较。以矿石属性为“中”的条件为例，1 代表属性重要性相等，5/1 代表相对强，4/1 代表相对较强等。将属性的重要性程度的分值作为矩阵 **A** 中的元素，列出需要比较

的属性的判断矩阵 $\boldsymbol{A}$，即

$$\boldsymbol{A}=\begin{bmatrix}\omega_1/\omega_1 & \omega_1/\omega_2 & \cdots & \omega_1/\omega_n\\ \omega_2/\omega_1 & \omega_2/\omega_2 & \cdots & \omega_2/\omega_n\\ \vdots & \vdots & & \vdots\\ \omega_n/\omega_1 & \omega_n/\omega_2 & \cdots & \omega_n/\omega_n\end{bmatrix}\begin{bmatrix}\omega_1\\ \omega_2\\ \vdots\\ \omega_n\end{bmatrix}=n\begin{bmatrix}\omega_1\\ \omega_2\\ \vdots\\ \omega_n\end{bmatrix}\tag{3.8}$$

由于采用层次结构的案例检索模式，对应的矿石可选性不参与属性重要性的比较，因此对应于 10 个问题描述属性，去掉一个矿石可选性属性后，需要建立 9×9 两两比较的属性判断矩阵。其中两两比较值是经过专家咨询后得到的。

$$\boldsymbol{A}=\begin{bmatrix}1 & 1 & 4/5 & 4/5 & 4/5 & 4/3 & 4/3 & 4/2 & 4/1\\ 1 & 1 & 4/5 & 4/5 & 4/5 & 4/3 & 4/3 & 4/2 & 4/1\\ 5/4 & 5/4 & 1 & 1 & 1 & 5/3 & 5/3 & 5/2 & 5/1\\ 5/4 & 5/4 & 1 & 1 & 1 & 5/3 & 5/3 & 5/2 & 5/1\\ 5/4 & 5/4 & 1 & 1 & 1 & 5/3 & 5/3 & 5/2 & 5/1\\ 3/4 & 3/4 & 3/5 & 3/5 & 3/5 & 1 & 1 & 3/2 & 3/1\\ 3/4 & 3/4 & 3/5 & 3/5 & 3/5 & 1 & 1 & 3/2 & 3/1\\ 2/4 & 2/4 & 2/5 & 2/5 & 2/5 & 2/3 & 2/3 & 1 & 2/1\\ 1/4 & 1/4 & 1/5 & 1/5 & 1/5 & 1/3 & 1/3 & 1/2 & 1\end{bmatrix}\tag{3.9}$$

得到比较矩阵 $\boldsymbol{A}$ 后，需要求出比较矩阵 $\boldsymbol{A}$ 的最大特征值的特征向量。对于本例，最大特征值为 9，对应的特征向量为 $[-0.3508, -0.3508, -0.4385, -0.4385, -0.4385, -0.2631, -0.2631, -0.1754, -0.0877]^{\mathrm{T}}$。整理后可得案例问题描述特征属性对应的权重为

$$\boldsymbol{\omega}=[0.35, 0.35, 0.4, 0.4, 0.4, 0.25, 0.25, 0.2, 0.1]\tag{3.10}$$

④案例重用。

一般情况下，案例库中不存在与新案例完全匹配的存储案例，需要对存储案例的解决方案进行调整以得到新案例的解决方案。案例重用阶段采用替换法。

假设在案例库中检索到相似度超过相似度阈值的案例共有 R 个，则采用下式得出当前工况 C_{in} 下的案例解：

$$j(t)=\frac{\sum_{k=1}^{R}\mathrm{SIM}(C_{\mathrm{in}}, C_k)\times j_k}{\sum_{k=1}^{R}\mathrm{SIM}(C_{\mathrm{in}}, C_k)}\tag{3.11}$$

即检索出来的历史案例与问题案例的相似度作为加权值对所有相似案例的解特征进行加权求和，将计算得出的解特征作为最后的案例解。假设新案例 C_{in} 在案

例检索阶段从矿石可选性为“中”的子案例库中检索出 5 条与问题案例之间相似度大于阈值SIM_v 的相似案例组，如表 3.4 所示。

表 3.4 检索案例解列表

检索案例序号	$\tilde{h}_{1sp}(t)$	$\tilde{h}_{2sp}(t)$	$\tilde{h}_{3sp}(t)$	案例相似度
1	4.23	4.07	3.80	0.92
2	4.19	4.05	3.85	0.91
3	4.15	3.98	3.76	0.88
4	4.25	4.03	3.85	0.88
5	4.18	4.09	3.75	0.85

采用式(3.11)计算最终重用解：

$$\tilde{h}_{1sp}(t)=\frac{4.23\times0.92+4.19\times0.91+4.15\times0.88+4.25\times0.88+4.18\times0.85}{0.92+0.91+0.88+0.88+0.85}=4.2\ (\mathrm{m})$$

$$\tilde{h}_{2sp}(t)=\frac{4.07\times0.92+4.05\times0.91+3.98\times0.88+4.03\times0.88+4.09\times0.85}{0.92+0.91+0.88+0.88+0.85}=4.04\ (\mathrm{m})$$

$$\tilde{h}_{3sp}(t)=\frac{3.8\times0.92+3.85\times0.91+3.76\times0.88+3.85\times0.88+3.75\times0.85}{0.92+0.91+0.88+0.88+0.85}=3.8\ (\mathrm{m})$$

计算结果 4.2、4.04、3.8 为当前问题解，即粗选浮选机矿浆液位预设定值为 4.2 m、精选浮选机矿浆液位预设定值为 4.04 m、扫选浮选机矿浆液位预设定值为 3.8 m。

⑤案例修正。

为了验证案例重用所得到的案例解的有效性，需要进行案例评价和案例修正。本书中的案例修正主要是通过精矿品位和尾矿品位软测量模型结果进行修正。经过重用后的案例解作为混合选别过程预设定值，在运行在实际生产过程后，通过软测量模型得到精矿品位和尾矿品位的软测量结果，然后根据精矿品位和尾矿品位目标值和软测量结果对案例重用进行评估。计算精矿品位和尾矿品位目标值与软测量值之间的偏差 $E_1=\beta^*-\beta_{Soft}$ 和 $E_2=\delta^*-\delta_{Soft}$，如果 $|E_1|\leqslant\varepsilon_1$ 及 $|E_2|\leqslant\varepsilon_2$，则采纳案例重用计算的结果，并直接转入案例存储；否则需要对案例进行修正，本书采用最大相似度案例替换法，即从第三层子案例库 Sub_3 中挑选出最大相似度 SIM_{max} 的案例，并按照时间 T 属性降序排列，将第一组案例所

对应的案例解替代当前案例的重用解。

⑥案例存储与维护。

随着时间的推移,案例库中的案例会不断增加,如果不采取相应的措施,很可能会出现案例重叠、案例数量增大、旧的案例适用性差等问题,势必会造成案例缺乏典型性,同时又会影响到案例检索的时间。为了使案例库控制在一定规模内,有必要对冗余的案例进行删减,因此需要对准备加入案例库中的案例进行学习。对于准备加入案例库中的新案例,按照前面的相似度计算公式(3.3),计算其与所有旧案例的相似度。针对不同的相似度情况,采用计算机维护和人工维护相结合的案例存储和维护策略。

Case1:若求出的所有相似度都小于或者等于某一个给定的阈值 ψ($0<\psi<1$,根据实际工艺和经验来定,如取 $\psi=0.97$),则加入该新案例。随着一个新的解决方案加入到案例库中,案例库中可用的成功案例将会增加,从而提高了案例复用的可能性以及案例推理的准确性。

Case2:若至少存在一个相似度大于该阈值 ψ 的旧案例,则改写具有最大相似度并且时间属性 T 最早的旧案例,这些调整或修改的信息存储起来以便为以后解决类似的问题提供解决方案。

Case3:若存在一个相似度为 1 的旧案例,则表明准备加入案例库中的新案例与旧案例完全匹配,则抛弃原来的旧案例,存储新案例。

Case4:采用人工调整的办法对案例库中一些时间久远、不适应目前工况的历史案例进行适当删减。

新案例的加入和案例库的更新,标志着基于案例的推理系统进行了一次知识的获取,即完成了一次学习过程,这种自学习功能则体现了 CBR 的优势和生命力,是确保所建案例库长期有效的一个重要条件。

2.基于 PCA－ELM 运行指标的软测量算法

品位在线分析仪表价格昂贵,维护工作量大,难以在我国选矿厂得到广泛应用。目前精矿品位和尾矿品位主要采用人工化验方式获得,由于人工化验周期长,需要 2 h 左右,不能满足混合选别过程控制的要求。目前工业过程中对于一些难以测量或测量滞后、难以建立精确数学模型的变量,常常采用软测量方法进行估计,因此,研究精矿品位和尾矿品位的软测量模型越来越受到工业界的重视。

精矿品位和尾矿品位与过程控制变量之间具有强非线性、不确定性等综合复杂性,且受边界条件给矿浓度、给矿粒度和给矿品位等众多因素的影响,难以建立精确数学模型。神经网络是解决上述难以建立数学模型问题的有效方法。

许多专家学者对神经网络中的典型结构单隐层前向神经网络(single-hidden layer feedforward networks,SLFN)进行了大量的研究工作,但由于单隐层神经网络一般采用批次学习算法训练网络,需要对训练数据多次迭代学习,需要大量的训练时间。而极限学习机(extreme learning machine,ELM)算法是近年来受到广泛关注的一种针对 SLFN 的新算法,其训练过程不需要大量的迭代过程,隐层节点参数可以任意指定,在训练中不需要大量的迭代,隐层输出矩阵可通过解析的方式计算得出。ELM 算法以其学习速度快、算法简单、不易陷入局部极小等特点在回归分析中得到广泛应用。本书将主元分析和 ELM 相结合,提出了精矿品位和尾矿品位软测量模型。

(1)基于稳健估计的离群点检测。

软测量建模的基础是大量而准确的工业现场数据,数据样本质量好坏对于建模效果起着至关重要的作用。在实际生产过程中,由于数据是通过安装在现场的传感器、变送器等仪表获得,受现场环境及仪表精度的影响,测量数据不可避免地存在误差,以这样的数据建立软测量模型,将会降低模型精度甚至会导致模型失效。

工业现场检测数据中的离群点主要是由传感器故障、变送器故障和生产环境变化造成的,包括检测数据坏值和监测数据偏离正常值两类。

数据样本中离群点检测一般采用的检测方法是 3σ 判定准则,如下:

$$|x_i-\bar{x}|>3\sigma \tag{3.12}$$

式中 $\bar{x}$—— 数据序列 $x_i(i=1,2,\cdots,n)$ 的均值,$\bar{x}=\frac{1}{n}\sum_{i=1}^{n}x_i$;

σ^2—— 数据序列的标准差,$\sigma^2=\frac{1}{n-1}\sum_{i=1}^{n}(x_i-\bar{x})^2$。

根据 3σ 判定准则,采样数据点与数据序列均值的偏差的绝对值大于 3σ,则该数据点判定为离群点。但是如果在数据序列中 $x_i(i=1,2,\cdots,n)$存在离群点,则传统方法就不能准确地估计正常数据的均值和标准差,这样就导致 3σ 判定准则失效。

为了减小离群点对均值和标准差估计的影响,一种稳健估计被提出。基于对位置的稳健估计是稳健统计学的出发点与基础,“位置”在统计上是指服从某种分布的一个总体的中心位置。样本中值是广泛采用的一种优良的稳健估计。若按由小到大次序,以 $x_1,x_2,\cdots,x_n$ 记次序统计量,则样本中值 x_{median} 为

$$x_{\text{median}}=\begin{cases}x_{(n+1)/2} & n\text{ 为奇数}\\ [x_{n/2}+x_{(n/2)+1}]/2 & n\text{ 为偶数}\end{cases} \tag{3.13}$$

与样本的位置估计相连的是样本散布度量，样本中值绝对偏差(S_{MAD})是颇为稳健的散布度量，定义如下：

$$S_{MAD}=1.4826\times \text{median}\left|x_i-x_{median}\right| \quad i=1,2,\cdots,n \tag{3.14}$$

其中，x_{median}是数据序列的中值，常数 1.482 6 的选择是使 S_{MAD}成为正态分布数据标准差的无偏估计，等同于正态分布数据的标准差 σ。

图 3.10 所示为 3σ 判定准则和稳健估计离群点检测的比较。从图中可以看出，对于 300 组用来训练软测量模型的数据样本中的浓度现场数据，采用 3σ 判定准则，有 1 个数据样本被识别为离群点，而采用稳健位置估计识别出 40 个离群点，很好地消除了离群点对软测量建模的影响。

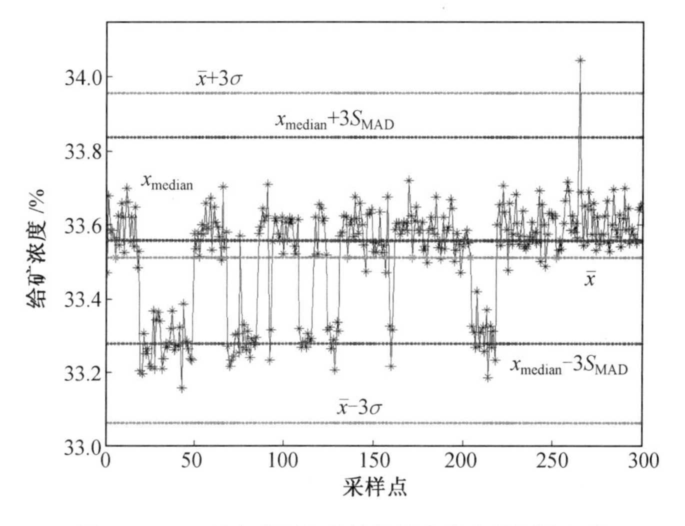

图 3.10 3σ 判定准则和稳健估计离群点检测的比较

(2)基于 PCA 辅助变量的选择。

精矿品位和尾矿品位指标影响因素众多，且相互影响，用于建立软测量模型的过程变量之间可能存在相互关联的关系，如果采用所有与指标相关的过程变量作为软测量模型的输入，将大大增加软测量模型的计算时间，降低软测量模型的运行效率。本书采用主元分析(PCA)方法将浮选机矿浆液位、给矿粒度、给矿浓度和给矿流量等多个变量进行简化。

主元分析方法是将多个相关变量转化为少数几个相互独立的变量，即将高维数据空间投影到低维相互独立数据平面上来进行分析的一种统计分析方法，可以用于对网络输入向量进行降维化简和辅助变量的选择。

PCA 模型的建立需要一个来自正常工况的数据集合作为建模数据。假设

由 m 个过程变量、n 个数据样本组成检测数据矩阵 $\boldsymbol{X} \in \mathbf{R}^{n \times m}$，为了避免过程变量不同量纲对结果的影响和便于数学上的处理，有必要对数据进行统一化处理。设 $\boldsymbol{X}$ 的均值向量为 $\boldsymbol{\mu}$，标准差为 σ，则归一化处理后的过程变量为

$$x_{ij}=(x_{ij}-\mu_j)/\sigma_j \quad i=1,\cdots,n;j=1,\cdots,m \tag{3.15}$$

把归一化后的过程变量矩阵记为 $\tilde{\boldsymbol{X}}$，$\tilde{\boldsymbol{X}}$ 的协方差矩阵为 $\boldsymbol{\Sigma}$，对 $\tilde{\boldsymbol{X}}$ 进行主元分析。PCA 算法的主要步骤如下。

①计算协方差矩阵 $\boldsymbol{\Sigma}$ 的 m 个特征值 λ_j 和对应的单位化正交特征向量 $\boldsymbol{P}_j$；

②计算第 j 个主元 $\boldsymbol{t}_j$，$\boldsymbol{t}_j=\bar{X}\boldsymbol{P}_j$；

③计算主元模型

$$\hat{\boldsymbol{X}}=t_1\boldsymbol{P}_1^{\mathrm{T}}+t_2\boldsymbol{P}_2^{\mathrm{T}}+\cdots+\boldsymbol{t}_j\boldsymbol{P}_j^{\mathrm{T}} \tag{3.16}$$

式中　$\boldsymbol{t}_j \in \mathbf{R}^n$——得分向量或主元；

$\boldsymbol{P}_j \in \mathbf{R}^n$——负载向量；

$\boldsymbol{P}_j$——矩阵 $\boldsymbol{\Sigma}$ 的协方差矩阵由大到小排列的第 j 个特征根所对应的特征向量，包含各变量之间相互关联的信息。

每对 $\boldsymbol{t}_j$ 和 $\boldsymbol{P}_j$ 都是按对应于特征向量 $\boldsymbol{P}_j$ 的特征值 λ_j 的降序排列，其中第一对截获了所有分解的负荷向量和主元向量对中的最大信息量，以此类推。$\boldsymbol{T}=[t_1,t_2,\cdots,t_m]$为得分矩阵，$\boldsymbol{P}=[P_1,P_2,\cdots,P_m]$为负荷矩阵，式(3.16)可写为

$$\hat{\boldsymbol{X}}=T\boldsymbol{P}^{\mathrm{T}} \tag{3.17}$$

④计算前 $k(1 \leqslant k \leqslant m)$ 个主元的方差贡献率：

$$\eta_k=\frac{\sum_{i=1}^{k}\lambda_i}{\sum_{i=1}^{m}\lambda_i} \tag{3.18}$$

根据经验确定 k 的取值，即取 k 使得 $\eta_k>85\%$。

(3)ELM 算法原理。

ELM 以其学习速度快、算法简单、更好的泛化能力、不易陷入局部极小等特点，在回归和分类问题中得到广泛应用，本书采用 PCA－ELM 方法建立精矿品位和尾矿品位指标软测量模型，软测量模型结构如图 3.11 所示。

首先介绍 ELM 算法的基本思想和算法原理。

给定 N 个不同样本 $\{(x_i,t_i),i=1,\cdots,N\}$，其中 $\boldsymbol{x}_i=(x_{i1},x_{i2},\cdots,x_{\mathrm{in}})^{\mathrm{T}} \in \mathbf{R}^n$，$\boldsymbol{t}_i=(x_{i1},x_{i2},\cdots,x_{im})^{\mathrm{T}} \in \mathbf{R}^m$，具有 L 个隐层节点的单隐层前向神经网络

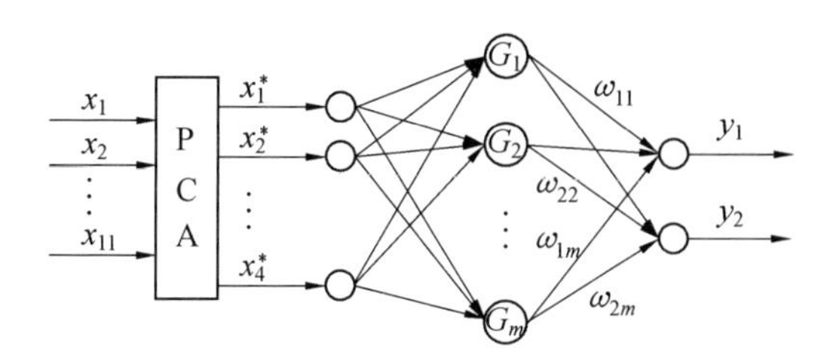

图 3.11　基于 PCA－ELM 的软测量模型

(SLFN)的数学模型为

$$f_L(\boldsymbol{x}_j)=\sum_{i=1}^{L}\boldsymbol{\beta}_i g_i(\boldsymbol{x}_j)=\sum_{i=1}^{L}\boldsymbol{\beta}_i G_i(\boldsymbol{a}_i,\boldsymbol{b}_i,\boldsymbol{x}_j),\ j=1,2,\cdots,N \tag{3.19}$$

式中　$\boldsymbol{a}_i=(a_{i1},a_{i2},\cdots,a_{in})^{\mathrm{T}}$ 和 $\boldsymbol{b}_i$——第 i 个隐层节点的输入权值和阈值；

$\boldsymbol{\beta}_i=(\beta_{i1},\beta_{i2},\cdots,\beta_{im})$——连接第 i 个隐层节点和输出层的输出权值；

$g_i(x_j)=G_i(\boldsymbol{a}_i,\boldsymbol{b}_i,\boldsymbol{x}_j)$——关于输入 x_j 的第 i 个隐层节点输出。

若神经网络的实际输出等于期望输出，则有

$$\sum_{i=1}^{L}\boldsymbol{\beta}_i G_i(\boldsymbol{a}_i,\boldsymbol{b}_i,\boldsymbol{x}_j)=t_j,\ j=1,2,\cdots,N$$

上述 N 个等式可以写成如下矩阵形式：

$$\boldsymbol{H\beta}=\boldsymbol{T}$$

式中

$$\boldsymbol{H}=\begin{pmatrix} h(x_1)\\ h(x_2)\\ \vdots\\ h(x_N)\end{pmatrix}=\begin{pmatrix} G(a_1,b_1,x_1) & G(a_2,b_2,x_1) & \cdots & G(a_L,b_L,x_1)\\ G(a_1,b_1,x_2) & G(a_2,b_2,x_2) & \cdots & G(a_L,b_L,x_2)\\ \vdots & \vdots & & \vdots\\ G(a_1,b_1,x_N) & G(a_2,b_2,x_N) & \cdots & G(a_L,b_L,x_N)\end{pmatrix}_{N\times L},$$

$$\boldsymbol{\beta}=\begin{pmatrix}\beta_1^{\mathrm{T}}\\ \beta_2^{\mathrm{T}}\\ \vdots\\ \beta_L^{\mathrm{T}}\end{pmatrix}_{L\times m},\boldsymbol{T}=\begin{pmatrix}t_1^{\mathrm{T}}\\ t_2^{\mathrm{T}}\\ \vdots\\ t_N^{\mathrm{T}}\end{pmatrix}_{N\times m}$$

$\boldsymbol{H}$ 称为隐层输出矩阵，其第 i 行表示第 i 个输入 x_i 关于隐层的全体输出，第 j 列表示全体输入 $x_1,x_2,\cdots,x_N$ 关于第 j 个隐层节点的输出。

在 ELM 算法中，输入权重 a 和阈值 b 可以随机选取，这样 $\boldsymbol{H\beta}=\boldsymbol{T}$ 即以 $\boldsymbol{\beta}$ 为变量的一个线性系统，而求解该线性系统，就是寻找最小的输出权重 $\hat{\boldsymbol{\beta}}$，使误差 $\|\boldsymbol{H\beta}-\boldsymbol{T}\|$ 最小，原始 ELM 算法采用最小二乘法计算 $\hat{\boldsymbol{\beta}}$，其解可表示为

$$\hat{\boldsymbol{\beta}}=\boldsymbol{H}^{\dagger}\boldsymbol{T}$$

原始 ELM 算法总结如下：

给定训练数据集 $\Omega=\{(x_i,t_i)\mid x_i\in\mathbf{R}^n,t_i\in\mathbf{R}^m,i=1,\cdots,N\}$，激活函数 $g:R\to R$和隐层节点个数 L。

①步骤 1：随机选取输入权值 a_i和阈值 b_i，$i=1,\cdots,L$。

②步骤 2：计算隐层输出矩阵 $\boldsymbol{H}$。

③步骤 3：计算输出权值 $\hat{\boldsymbol{\beta}}=\boldsymbol{H}^{\dagger}\boldsymbol{T}$。

原始 ELM 算法采用批处理的学习模式，即全部数据传输给系统之后，网络才能进行一次学习，但是在很多实际应用中，训练数据往往是一个一个或者一块一块地添加到系统，因此，提出在线序列 ELM 算法(OS－ELM)。

在线序列 ELM 算法：给定训练数据集 $\Omega=\{(x_i,t_i)\mid x_i\in\mathbf{R}^n,t_i\in\mathbf{R}^m,i=1,\cdots,N\}$，隐层输出函数 $G(a_i,b_i,x_j)$和隐层节点个数。

①步骤 1，初始化阶段：从 Ω 中选取部分数据集 $\Omega_0=\{(x_i,t_i)\}_{i=1}^{N_0}$，其中$N_0\geqslant L$。

a. 随机选取输入权值 a_i和阈值 b_i，$i=1,\cdots,L$。

b. 计算隐层输出矩阵 $\boldsymbol{H}_0$。

$$\boldsymbol{H}_0=\begin{pmatrix}G(a_1,b_1,x_1) & \cdots & G(a_L,b_L,x_1)\\ \vdots & & \vdots\\ G(a_1,b_1,x_{N_0}) & \cdots & G(a_L,b_L,x_{N_0})\end{pmatrix}_{N_0\times L}$$

c. 计算初始输出权值 $\boldsymbol{\beta}^{O}=\boldsymbol{P}_0\boldsymbol{H}_0^{\dagger}\boldsymbol{T}_0$，其中 $\boldsymbol{P}_0=(\boldsymbol{H}_0^{\mathrm{T}}\boldsymbol{H}_0)^{-1}$，$\boldsymbol{T}_0=(t_1,t_2,\cdots,t_{N_0})^{\mathrm{T}}$。

d. 置 $k=0$。

②步骤 2，序列学习阶段：设第 $k+1$ 步所添加的数据块为 $\Omega_{k+1}=\{(x_i,t_i)\}\sum_{i=0}^{k+1}N_{j(\sum_{j=0}^{k}N_j)+1}$。

a. 计算新添加数据的隐层输出矩阵 $\boldsymbol{H}_{k+1}$。

$$\boldsymbol{H}_{k+1}=\begin{pmatrix}G(a_1,b_1,x_{(\sum_{j=0}^{k}N_j)+1}) & \cdots & G(a_L,b_L,x_{(\sum_{j=0}^{k}N_j)+1})\\ \vdots & & \vdots\\ G(a_1,b_1,x_{\sum_{j=0}^{k+1}N_j}) & \cdots & G(a_L,b_L,x_{\sum_{j=0}^{k+1}N_j})\end{pmatrix}$$

b. 令 $\boldsymbol{T}_{k+1}=(t_{(\sum_{j=0}^{k}N_j)+1},\cdots,t_{\sum_{j=0}^{k+1}N_j})^{\mathrm{T}}$。

c. 计算输出权值 $\boldsymbol{\beta}^{k+1}=\boldsymbol{\beta}_k+\boldsymbol{P}_k\boldsymbol{H}_{k+1}^{\mathrm{T}}(\boldsymbol{T}_{k+1}-\boldsymbol{H}_{k+1}\boldsymbol{\beta}^k)$,

$$\boldsymbol{P}_{k+1}=\boldsymbol{P}_k-\boldsymbol{P}_k\boldsymbol{H}_{k+1}^{\mathrm{T}}(\boldsymbol{I}+\boldsymbol{H}_{k+1}\boldsymbol{P}k\boldsymbol{H}_{k+1}^{\mathrm{T}})^{-1}\boldsymbol{H}_{k+1}\boldsymbol{P}_k;$$

d. 置 $k=k+1$,返回步骤2。

在线序列ELM(OS-ELM)算法不仅能够一个一个地学习数据,还能够一批一批地学习数据,而且学习之后,立即放弃已经学习过的数据。

(4)软测量模型结构。

工艺指标软测量模型如图3.11所示,其中PCA用来选择辅助变量,ELM用来建立所选辅助变量与工艺指标之间软侧脸模型。

选取300组选矿厂生产过程现场数据,通过稳健估计去除数据样本中的离群点,剩余230组数据样本,其中160组数据作为软测量学习样本数据,另外70组数据作为测试样本检验软测量模型的泛化能力。

按照软测量模型学习步骤,对上述去除离群点后的230组数据进行标准化处理,采用PCA方法对样本数据进行主元分析,结果如表3.5所示。由表中可以看出,4个主元就可以表示85%以上的数据变化。

表3.5 不同主元的贡献率

主元	特征值	方差/%	累计方差/%
1	1.036	30.8	30.8
2	0.873	26.0	56.8
3	0.535	16	72.8
4	0.461	13.7	86.5
5	0.199	5.48	91.98
6	0.151	4.5	96.48

单隐层前向神经网络隐层节点的参数输入权值和阈值可以随机产生,根据多次试验结果,确定隐层节点个数为15,隐层节点激活函数选择 S 型函数。

为了验证软测量模型的精度,使用70组测试样本对软测量模型进行测试,比较结果如图3.12和图3.13所示。

通常衡量软测量模型的标尺为预报精度(ζ)和均方根误差(RMSE),即

$$\zeta=\frac{N_{\mathrm{c}}}{N}$$

式中 N_{c}——测试结果中软测量模型输出结果与实际精矿品位和尾矿品位相

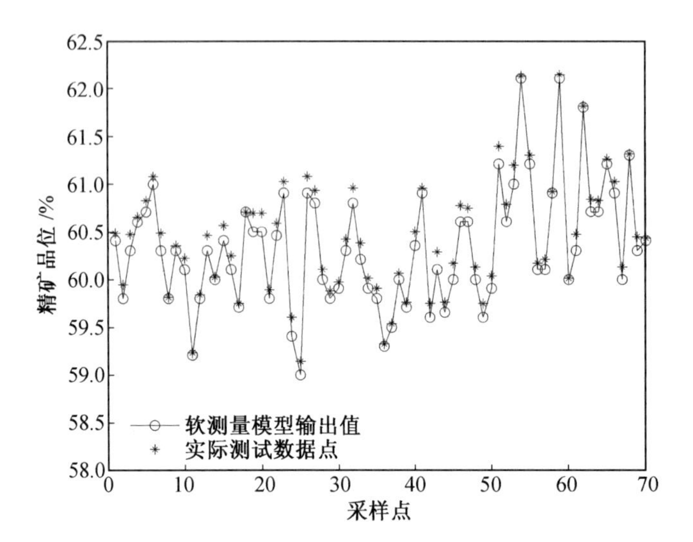

图 3.12 精矿品位与软测量模型输出比较

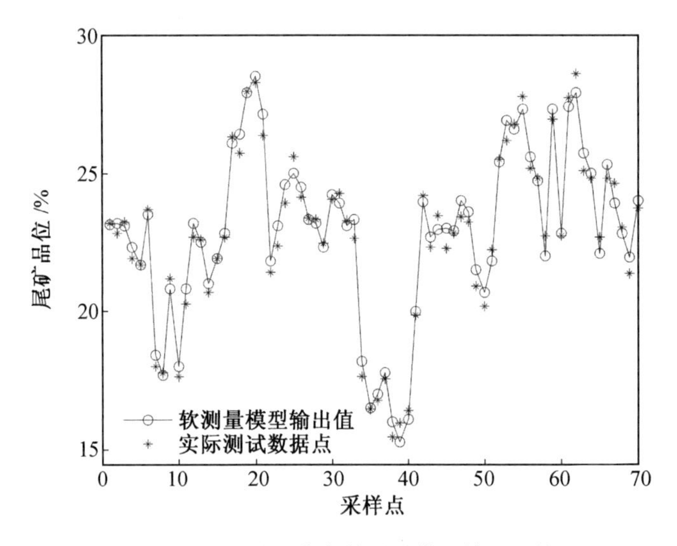

图 3.13 尾矿品位与软测量模型输出比较

差在 0.5%以内的样本数量。

$$\mathrm{RMSE}=\sqrt{\frac{1}{N}\sum_{i=1}^{N}(\hat{y}_i-y_i)^2}$$

预报精度和均方根误差的比较结果见表 3.6，基于 KPCA－ELM 的软测量模型测量误差不大于 0.5%的样本数量大于 90%。精矿品位与测试样本的均方根误差为0.074 5,尾矿品位为0.077 7,完全可以满足生产的需要。

表3.6　软测量模型的预报精度和均方根误差

项目	总样本数	误差样本数	预报精度%	RMSE
精矿品位测试样本	70	3	95.7	0.074 5
尾矿品位测试样本	70	5	92.8	0.077 7

(5)参数自学习。

系统在长期运行后,给矿矿石性质及生产工况变化等原因会造成系统参数变化,因此本书采用自学习策略来调整软测量模型参数。首先取24次由统计分析得到的取样精矿品位和尾矿品位的化验值和模型估计值的偏差,采用均方根误差判断模型的性能指标,计算评价指标η。考虑到生产过程中精矿品位和尾矿品位目标值偏差允许范围为0.2,因此选取运行指标偏差的上限值$\varepsilon=0.2$,如果均方根误差大于规定上限值,则启动参数自学习。

参数自学习将新获取的数据样本加入到原来的训练样本数据空间,作为新的样本训练集,并更新训练集和模型参数。由实际生产过程可知,每个月能够获取700组数据样本,基本能够覆盖不同的操作条件,并考虑模型数据规模和运算速度等方面,设置模型样本的最大数目为100。超过最大数目时,使用新获取的样本数据来替换最早时间获取的样本数据。

3.基于规则推理的前馈补偿算法

由于混合选别生产过程的边界条件给矿粒度、浓密机底流矿浆浓度和矿浆流量、矿石可选性和外界干扰因素的频繁变化,影响智能运行控制中预设定模块的准确性,如果基础控制回路的设定值长时间不做调整,很容易导致当前的设定值不再适应新工况的变化,造成精矿品位和尾矿品位指标偏离其目标值,有可能超过工艺规定的范围,最终影响选矿厂的金属回收率和产品质量,因此需要对基础控制回路的设定值进行反馈补偿控制。

由于混合选别全流程机理复杂,生产过程缓慢,干扰因素多,同时具有非线性多变量强耦合等综合复杂性,难以建立数学模型,目前已有的基于模型的补偿方法很难应用于模型未知的被控对象,而智能控制方法中的专家系统思想绕开了建立精确机理模型的过程,可以总结工艺专家的操作经验与知识。本书通过建立专家规则的办法来实现影响精矿品位和尾矿品位指标的粗选浮选机矿浆液位预设定值$\tilde{h}_{1sp}$、精选浮选机矿浆液位预设定值$\tilde{h}_{2sp}$和扫选浮选机矿浆液位$\tilde{h}_{3sp}$的反馈补偿控制。采用上述精矿品位和尾矿品位补偿控制策略可以减少因原矿性质的变化和操作参数的改变对精矿品位和尾矿品位波动的影响,提高智能运行控制系统的抗干扰能力,从而将精矿品位和尾矿品位指标控制在其目标值的范围内。

在赤铁矿混合选别生产过程中,只有采用人工化验的方式才能得到精矿品位和尾矿品位的真实值,但人工化验周期较长,一般 2 h 才能获得一次化验值,操作员常常采用观察矿浆颜色或者用手碾铁矿粉的方式估计精矿品位和尾矿品位,并相应地调整浮选机矿浆液位。这样的操作方式存在主观性和随意性,操作员难以及时准确判断精矿品位和尾矿品位的高低,调整浮选机矿浆液位,难以将精矿品位和尾矿品位控制在工艺规定的范围内。

为了弥补上述人工操作方式存在的不足,采用 3.3.2 节建立的软测量模型输出值作为精矿品位和尾矿品位的估计值,并根据精矿品位和尾矿品位软测量模型输出值 β_{Soft} 和 δ_{Soft} 与精矿品位和尾矿品位的目标值 β^* 和 δ^* 的偏差 $\Delta\beta_{\mathrm{f}}(T_3)=\beta^*-\beta_{\mathrm{Soft}}(T_3)$,$\Delta\delta_{\mathrm{f}}(T_3)=\delta^*-\delta_{\mathrm{Soft}}(T_3)$,采用基于规则推理的前馈补偿方法,对浮选机矿浆液位的设定值进行修正,给出补偿值 $\Delta h_{1\mathrm{f}}(T_3)$、$\Delta h_{2\mathrm{f}}(T_3)$、$\Delta h_{3\mathrm{f}}(T_3)$。

本书根据赤铁矿混合选别全流程的生产特点,并结合混合选别生产过程运行专家的优秀操作经验,采用“原型分析”方法建立了磨矿粒度的反馈补偿算法,通过提取操作人员对预设定值补偿方法的“原型”整理如下形式的产生式规则,并将专家规则存储在专家系统的知识库中:

IF ＜前提＞ THEN ＜结论＞

其中规则的前提条件为精矿品位偏差为尾矿品位偏差的大小,结论表示满足该条件时所对应的浮选机矿浆液位设定值的补偿值$[\Delta h_{1\mathrm{f}}(T_3),\Delta h_{2\mathrm{f}}(T_3),\Delta h_{3\mathrm{f}}(T_3)]^{\mathrm{T}}$。

规则的前提表示激活该规则的条件,结论表示该条规则将产生的行为。以工作存储器中事实判断是否满足规则的前提,如果满足则相应的规则被激活,如果不存在产生冲突的规则,规则的结论部分被执行。

根据现场操作人员的生产经验,分别将精矿品位偏差和尾矿品位偏差划分为不同的变化区间,当精矿品位偏差 $\Delta\beta_{\mathrm{f}}$ 和尾矿品位偏差 $\Delta\delta_{\mathrm{f}}$ 在不同的变化区间时采取不同的补偿值$[\Delta h_{1\mathrm{f}}(T_3),\Delta h_{2\mathrm{f}}(T_3),\Delta h_{3\mathrm{f}}(T_3)]^{\mathrm{T}}$。本书依据实际的生产操作习惯,将 $\Delta\beta_{\mathrm{f}}$ 和 $\Delta\delta_{\mathrm{f}}$ 各自划分为 7 个区间,各个变化区间范围的限定值由表 3.7 给出。

表 3.7　精矿品位偏差和尾矿品位偏差变化区间范围的限定值

变量	限定值	
	下限	上限
$\Delta\beta_f$	c_{f3}	
	c_{f2}	c_{f3}
	c_{f1}	c_{f2}
	$-c_{f1}$	c_{f1}
	$-c_{f2}$	$-c_{f1}$
	$-c_{f3}$	$-c_{f2}$
		$-c_{f3}$
$\Delta\delta_f$	t_{f3}	
	t_{f2}	t_{f3}
	t_{f1}	t_{f2}
	$-t_{f1}$	t_{f1}
	$-t_{f2}$	$-t_{f1}$
	$-t_{f3}$	$-t_{f2}$
		$-t_{f3}$

上述前提变量变化区间的限定值 $c_{fi}(0<c_{f1}<c_{f2}<c_{f3})$，$t_{fi}(0<t_{f1}<t_{f2}<t_{f3})$ 可以通过咨询专家或实验试凑的方法获得。在规则中根据变量与限定值的关系即可得到设定值 $[h_{1sp},h_{2sp},h_{3sp}]^T$ 的补偿值 $[\Delta h_{1f},\Delta h_{2f},\Delta h_{3f}]^T$。下面给出基于规则推理的前馈补偿值的获取过程。

Case 1：当 $-c_{f1}<\Delta\beta_f\leqslant c_{f1}$ 和 $-t_{f1}<\Delta\delta_f\leqslant t_{f1}$ 时，表明此时精矿品位和尾矿品位指标的软测量模型输出结果 β_{Soft} 和 δ_{Soft} 与其目标值 β^* 和 δ^* 比较接近，精矿品位和尾矿品位指标的波动较小，不需要对预设定值进行补偿校正，即 $[\Delta h_{1f},\Delta h_{1f},\Delta h_{3f}]^T=0$。因此，提取出的 IF…THEN…形式的规则如下：

Rule 1：IF $-c_{f1}<\Delta\beta_f\leqslant c_{f1}$ and $-t_{f1}<\Delta\delta_f\leqslant t_{f1}$ THEN $[\Delta h_{1f},\Delta h_{1f},\Delta h_{3f}]^T=0$。

Case 2：当 $-c_{f1}<\Delta\beta_f\leqslant c_{f1}$ 和 $t_{f1}<\Delta\delta_f\leqslant t_{f2}$ 时，表明此时精矿品位软测量模型输出结果 β_{soft} 与其目标值 β^* 接近，尾矿品位软测量模型输出结果 δ_{soft} 小于其目标值 δ^*，并且偏差较小，操作人员认为这种情况下尾矿品位指标较低，只要适当增加粗选浮选机矿浆液位的设定值 h_{1sp}，保持精选浮选机矿浆液位设定值 h_{2sp} 不

变，适当增加扫选浮选机矿浆液位的设定值 h_{3sp}，即 $\Delta h_{1f}=l_{rf1}$，$\Delta h_{2f}=0$，$\Delta h_{3f}=l_{tf1}$，就能够将尾矿品位调整到目标值附近。因此，提取出的 IF…THEN…形式的规则如下：

Rule 2：IF $-c_{f1}<\Delta\beta_f\leqslant c_{f1}$ and $t_{f1}<\Delta\delta_f\leqslant t_{f2}$ THEN $[\Delta h_{1f},\Delta h_{1f},\Delta h_{3f}]^T=[l_{rf1},0,l_{tf1}]^T$。

Case 3：当 $c_{f1}<\Delta\beta_f\leqslant c_{f2}$ 和 $-t_{f1}<\Delta\delta_f\leqslant t_{f1}$ 时，表明此时精矿品位软测量模型输出结果 β_{Soft} 与其目标值 β^* 之间出现正偏差，并且偏差较小，尾矿品位软测量模型输出结果 δ_{Soft} 与其目标值 δ^* 接近。操作人员认为这种情况下精矿品位指标较差，只要适当降低粗选浮选机矿浆液位设定值 h_{1sp}，增加精选浮选机矿浆液位设定值 h_{2sp}，保持扫选浮选机矿浆液位 h_{3sp} 不变，即 $\Delta h_{1f}=-l_{rf1}$，$\Delta h_{2f}=l_{cf1}$，$\Delta h_{3f}=0$，即可逐步将精矿品位调整到期望的范围内。因此，提取出的 IF…THEN…形式的规则如下：

Rule 3：IF $c_{f1}<\Delta\beta_f\leqslant c_{f2}$ and $-t_{f1}<\Delta\delta_f\leqslant t_{f1}$ THEN $[\Delta h_{1f},\Delta h_{1f},\Delta h_{3f}]^T=[-l_{rf1},l_{cf1},0]^T$。

以此类推，建立由 49 条规则组成的前馈补偿专家规则库，如表 3.8 所示。

表 3.8 前馈补偿专家规则库

规则 (rules)	前提 (antecedents)	结论 (conclusions)
Rule 1	$-c_{f1}<\Delta\beta_f\leqslant c_{f1}$ and $-t_{f1}<\Delta\delta_f\leqslant t_{f1}$	$[\Delta h_{1f},\Delta h_{2f},\Delta h_{3f}]^T=0$
Rule 2	$-c_{f1}<\Delta\beta_f\leqslant c_{f1}$ and $t_{f1}<\Delta\delta_f\leqslant t_{f2}$	$[\Delta h_{1f},\Delta h_{2f},\Delta h_{3f}]^T=[l_{rf1},0,l_{tf1}]^T$
Rule 3	$c_{f1}<\Delta\beta_f\leqslant c_{f2}$ and $-t_{f1}<\Delta\delta_f\leqslant t_{f1}$	$[\Delta h_{1f},\Delta h_{2f},\Delta h_{3f}]^T=[-l_{rf1},l_{cf1},0]^T$
…	…	…
Rule 49	$c_{f3}<\Delta\beta_f$ and $t_{f3}<\Delta\delta_f$	$[\Delta h_{1f},\Delta h_{2f},\Delta h_{3f}]^T=[-l_{rf3},l_{cf3},-l_{t\ f3}]^T$

建立了前馈补偿专家规则库之后，根据精矿品位目标值与软测量输出值的偏差，以及尾矿品位目标值与软测量模型输出值的偏差，采用正向推理机制，判断精矿品位的偏差和尾矿品位偏差所在的范围，与规则库中的规则前提条件进行匹配。一旦匹配成功，则将此规则的结果作为前馈补偿模块的输出 $[\Delta h_{1f},\Delta h_{1f},\Delta h_{3f}]^T$，使得精矿品位和尾矿品位指标尽快恢复到其目标值附近的小范围内，即 $-c_{f1}\leqslant\beta^*-\beta_{Soft}\leqslant c_{f1}$，$-t_{f1}\leqslant\delta^*-\delta_{Soft}\leqslant t_{f1}$，满足混合选别全流程控

制目标的要求，提高精矿品位和尾矿品位的合格率。

4. 基于规则推理的反馈补偿算法

反馈补偿器根据精矿品位和尾矿品位化验值 β_E 和 δ_E 与精矿品位和尾矿品位的目标值 β^* 和 δ^* 的偏差 $\Delta\beta_b(T_2)=\beta^*-\beta_E(T_2)$，$\Delta\delta_b(T_2)=\delta^*-\delta_E(T_2)$，采用基于规则推理的反馈补偿方法，对浮选机矿浆液位的设定值进行反馈修正，给出补偿值 $\Delta h_{1b}(T_2)$、$\Delta h_{2b}(T_2)$、$\Delta h_{3b}(T_2)$。采用类似于前馈补偿算法中规则提取的方法，得到反馈补偿算法的规则库。

将 $\Delta\beta_b$ 和 $\Delta\delta_b$ 各自划分为 5 个区间，各个变化区间范围的限定值由表 3.9 给出。

表 3.9 精矿品位偏差和尾矿品位偏差变化区间范围的限定值

变量	限定值	
	下限	上限
$\Delta\beta_b$	c_{b2}	
	c_{b1}	c_{b2}
	$-c_{b1}$	c_{b1}
	$-c_{b2}$	$-c_{b1}$
		$-c_{b2}$
$\Delta\delta_b$	t_{b2}	
	t_{b1}	t_{b2}
	$-t_{b1}$	t_{b1}
	$-t_{b2}$	$-t_{b1}$
		$-t_{b2}$

上述前提变量变化区间的限定值 $c_{bi}(0<c_{b1}<c_{b2}<c_{b3})$，$t_{bi}(0<t_{b1}<t_{b2}<t_{b3})$ 可以通过咨询专家或实验试凑的方法获得。在规则中根据变量与限定值的关系即可得到设定值 $[h_{1sp},h_{2sp},h_{3sp}]^T$ 的反馈补偿值 $[\Delta h_{1b},\Delta h_{2b},\Delta h_{3b}]^T$。

建立由 25 条规则组成的反馈补偿专家规则库，如表 3.10 所示。

表 3.10 反馈补偿专家规则库

规则 (rules)	前提 (antecedents)	结论 (conclusions)
Rule 1	$-c_{b1}<\Delta\beta_b\leqslant c_{b1}$ and $-t_{b1}<\Delta\delta_b\leqslant t_{b1}$	$[\Delta h_{1b},\Delta h_{2b},\Delta h_{3b}]^T=0$
Rule 2	$-c_{b1}<\Delta\beta_b\leqslant c_{b1}$ and $t_{b1}<\Delta\delta_b\leqslant t_{b2}$	$[\Delta h_{1b},\Delta h_{2b},\Delta h_{3b}]^T=[-l_{rb1},0,-l_{tb1}]^T$
Rule 3	$c_{b1}<\Delta\beta_b\leqslant c_{b2}$ and $-t_{b1}<\Delta\delta_b\leqslant t_{b1}$	$[\Delta h_{1b},\Delta h_{2b},\Delta h_{3b}]^T=[-l_{rb1},l_{cb1},0]^T$
…	…	…
Rule 25	$c_{b2}<\Delta\beta_b$ and $t_{b2}<\Delta\delta_b$	$[\Delta h_{1b},\Delta h_{2b},\Delta h_{3b}]^T=[-l_{rb2},l_{cb2},-l_{tb2}]^T$

建立了反馈补偿专家规则库之后，根据精矿品位目标值与化验值的偏差，以及尾矿品位目标值与化验值的偏差和，采用正向推理机制，判断精矿品位偏差和尾矿品位偏差所在的范围，与规则库中的规则前提条件进行匹配。一旦匹配成功，则将此规则的结果作为反馈补偿模块的输出$[\Delta h_{1b},\Delta h_{1b},\Delta h_{3b}]^T$，使得精矿品位和尾矿品位指标尽快恢复到其目标值附近的小范围内，即$-c_{b1}\leqslant\beta^*-\beta_E\leqslant c_{b1}$，$-t_{b1}\leqslant\delta^*-\delta_E\leqslant t_{b1}$，满足混合选别全流程控制目标的要求，提高精矿品位和尾矿品位的合格率。

3.3.2 浮选机矿浆液位自适应解耦控制算法

1. 非线性解耦控制器

由第 2 章介绍可知，浮选机矿浆液位系统是一个强非线性、强耦合和存在着不确定干扰的系统。为了实现系统的解耦控制和降低强非线性对系统的影响，本书采用基于模糊神经网络的非线性多模型自适应解耦控制。根据文献[196]，采用欧拉(Euler)法将连续的被控对象式(2.28)～(2.30)进行离散化，然后转换为如下的非线性滑动自回归平均模型(NARMA)形式。如式(3.20)所示，浮选机矿浆液位系统的动态模型可以表示为低阶线性模型与高阶非线性项和的形式。

$$\begin{bmatrix}y_1(k+1)\\y_2(k+1)\\y_3(k+1)\end{bmatrix}=-\begin{bmatrix}a_{11}(z^{-1})&0&0\\0&a_{22}(z^{-1})&0\\0&0&a_{33}(z^{-1})\end{bmatrix}\begin{bmatrix}y_1(k)\\y_2(k)\\y_3(k)\end{bmatrix}$$

$$+\begin{bmatrix} b_{11}(z^{-1}) & 0 & 0 \\ 0 & b_{22}(z^{-1}) & 0 \\ 0 & 0 & b_{33}(z^{-1}) \end{bmatrix}\begin{bmatrix} u_1(k) \\ u_2(k) \\ u_3(k) \end{bmatrix}$$

$$+\begin{bmatrix} 0 & b_{12}(z^{-1}) & b_{13}(z^{-1}) \\ b_{21}(z^{-1}) & 0 & b_{23}(z^{-1}) \\ b_{31}(z^{-1}) & b_{32}(z^{-1}) & 0 \end{bmatrix}\begin{bmatrix} u_1(k) \\ u_2(k) \\ u_3(k) \end{bmatrix}$$

$$+\begin{bmatrix} v_1(\cdot) \\ v_2(\cdot) \\ v_3(\cdot) \end{bmatrix} \tag{3.20}$$

其中,$a_{ii}(z^{-1})$ $(i=1,2,3)$和 $b_{ii}(z^{-1})$ $(i=1,2,3)$为关于 z^{-1} 的多项式,$v[k]=v[y(k),\cdots,y(k-n_a),u(k),\cdots,u(k-n_b-1)]\in \mathbf{R}^3$ 为高阶非线性项。

式(3.20)可以用下式的形式表示:

$$\boldsymbol{A}(z^{-1})y(k+1)=\bar{\boldsymbol{B}}(z^{-1})u(k)+\bar{\bar{\boldsymbol{B}}}(z^{-1})u(k)+v[k] \tag{3.21}$$

其中

$$\boldsymbol{A}(z^{-1})=\begin{bmatrix} 1+z^{-1}a_{11}(z^{-1}) & 0 & 0 \\ 0 & 1+z^{-1}a_{22}(z^{-1}) & 0 \\ 0 & 0 & 1+z^{-1}a_{33}(z^{-1}) \end{bmatrix}$$

$$\bar{\boldsymbol{B}}(z^{-1})=\begin{bmatrix} b_{11}(z^{-1}) & 0 & 0 \\ 0 & b_{22}(z^{-1}) & 0 \\ 0 & 0 & b_{33}(z^{-1}) \end{bmatrix}$$

$$\bar{\bar{\boldsymbol{B}}}(z^{-1})=\begin{bmatrix} 0 & b_{12}(z^{-1}) & b_{13}(z^{-1}) \\ b_{21}(z^{-1}) & 0 & b_{23}(z^{-1}) \\ b_{31}(z^{-1}) & b_{32}(z^{-1}) & 0 \end{bmatrix}$$

注:在式(2.28)~(2.30)中的非线性函数在开集内为连续可微的,由于连续可微的非线性函数在紧集内有界,因此式(3.21)中的由模型的输入和输出得到的非线性项 $v(k)$有界。因为在实际的浮选生产过程中,输入变量和输出变量的范围都在工艺规定的范围内操作,都为有界的,因此上述推理的前提条件是成立的。

将反馈控制器、解耦补偿器和非线性补偿器相结合,提出了如图 3.14 所示的非线性解耦控制策略,用来控制系统输出 $y(k)$跟踪参考输入 $w(k)$。

由图 3.14 可知,控制输入 $u(k)$可以表示为

$$u(k)=\bar{\boldsymbol{H}}^{-1}(z^{-1})\{\bar{\boldsymbol{R}}(z^{-1})w(k)-\bar{\boldsymbol{G}}(z^{-1})y(k)-\bar{\bar{\boldsymbol{H}}}(z^{-1})u(k)-\bar{\boldsymbol{K}}(z^{-1})v[k]\} \tag{3.22}$$

其中，$\bar{\boldsymbol{R}}(z^{-1})$、$\bar{\boldsymbol{H}}(z^{-1})$和 $\bar{\boldsymbol{G}}(z^{-1})$均为关于 z^{-1} 的对角多项式矩阵，解耦补偿器 $\bar{\bar{\boldsymbol{H}}}(z^{-1})$为对角元素为零的多项式矩阵，用来消除线性模型中耦合项的影响；非线性补偿器 $\bar{\boldsymbol{K}}(z^{-1})$为 z^{-1} 的对角多项式矩阵，用来消除非线性项 $v[k]$对闭环系统的影响。

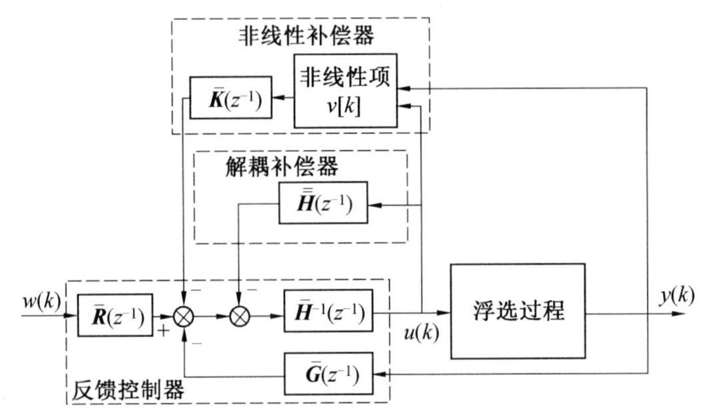

图 3.14 非线性解耦控制器结构

将式(3.22)代入式(3.21)，可以得到

$$\begin{aligned}&[\bar{\boldsymbol{H}}(z^{-1})\boldsymbol{A}(z^{-1})+z^{-1}\bar{\boldsymbol{B}}(z^{-1})\bar{\boldsymbol{G}}(z^{-1})]y(k+1)\\=&\bar{\boldsymbol{B}}(z^{-1})\bar{\boldsymbol{R}}(z^{-1})w(k)+[\bar{\boldsymbol{H}}(z^{-1})\bar{\bar{\boldsymbol{B}}}(z^{-1})-\\&\bar{\boldsymbol{B}}(z^{-1})\bar{\bar{\boldsymbol{H}}}(z^{-1})]u(k)+[\bar{\boldsymbol{H}}(z^{-1})-\bar{\boldsymbol{B}}(z^{-1})\bar{\boldsymbol{K}}(z^{-1})]v[k]\end{aligned} \tag{3.23}$$

其中，$[\bar{\boldsymbol{H}}(z^{-1})\boldsymbol{A}(z^{-1})+z^{-1}\bar{\boldsymbol{B}}(z^{-1})\bar{\boldsymbol{G}}(z^{-1})]$、$\bar{\boldsymbol{B}}(z^{-1})\bar{\boldsymbol{R}}(z^{-1})$和$[\bar{\boldsymbol{H}}(z^{-1})-\bar{\boldsymbol{B}}(z^{-1})\bar{\boldsymbol{K}}(z^{-1})]$为对角矩阵，$[\bar{\boldsymbol{H}}(z^{-1})\bar{\bar{\boldsymbol{B}}}(z^{-1})-\bar{\boldsymbol{B}}(z^{-1})\bar{\bar{\boldsymbol{H}}}(z^{-1})]$为对角元素为零多项式矩阵。

适当选择$\bar{\bar{\boldsymbol{H}}}(z^{-1})$可以尽可能消除$\bar{\bar{\boldsymbol{B}}}(z^{-1})$的影响；适当选择 $\bar{\boldsymbol{K}}(z^{-1})$可以尽可能消除$[\bar{\boldsymbol{H}}(z^{-1})-\bar{\boldsymbol{B}}(z^{-1})\bar{\boldsymbol{K}}(z^{-1})]v[k]$的影响，即消除非线性项 $v[k]$对闭环系统的影响。

2. 参数选择

为了确定如式(3.22)所示的控制器的参数，引入如下的性能指标：

$$J = \| \boldsymbol{P}(z^{-1})y(k+1) - \boldsymbol{R}(z^{-1})w(k) + \boldsymbol{Q}(z^{-1})u(k) + \boldsymbol{S}(z^{-1})u(k) + \boldsymbol{K}(z^{-1})v[k] \|^2 \tag{3.24}$$

其中，$\boldsymbol{P}(z^{-1})$、$\boldsymbol{Q}(z^{-1})$、$\boldsymbol{R}(z^{-1})$和$\boldsymbol{K}(z^{-1})$是关于z^{-1}对角的加权多项式矩阵，$\boldsymbol{S}(z^{-1})$为关于z^{-1}对角元素为零的加权多项式矩阵。实现控制器的解耦控制及非线性项的补偿引入$\boldsymbol{S}(z^{-1})u(k)$和$\boldsymbol{K}(z^{-1})v[k]$，并且引入对角多项式矩阵$\boldsymbol{F}(z^{-1})$和$\boldsymbol{G}(z^{-1})$，使得如下 Diophantine 方程成立：

$$\boldsymbol{P}(z^{-1}) = \boldsymbol{F}(z^{-1})\boldsymbol{A}(z^{-1}) + z^{-1}\boldsymbol{G}(z^{-1})$$

定义$\varphi^*(k+1|k)$为广义输出向量$\varphi(k+1)$的最优预测值，如下：

$$\varphi^*(k+1|k) = \boldsymbol{G}(z^{-1})y(k) + \boldsymbol{F}(z^{-1})\bar{\boldsymbol{B}}(z^{-1})u(k) + \boldsymbol{F}(z^{-1})\bar{\bar{\boldsymbol{B}}}(z^{-1})u(k) + \boldsymbol{F}(z^{-1})v[k] \tag{3.25}$$

假设$\varphi^*(k+1|k) = \varphi(k+1|k)$，则使式(3.24)性能指标最小的最优控制器可由下式表示：

$$[\boldsymbol{F}(z^{-1})\bar{\boldsymbol{B}}(z^{-1}) + \boldsymbol{Q}(z^{-1})]u(k) = \boldsymbol{R}(z^{-1})w(k) - \boldsymbol{G}(z^{-1})y(k) - [\boldsymbol{F}(z^{-1})\bar{\bar{\boldsymbol{B}}}(z^{-1}) + \boldsymbol{S}(z^{-1})]u(k) - [\boldsymbol{F}(z^{-1}) + \boldsymbol{K}(z^{-1})]v[k] \tag{3.26}$$

将式(3.26)代入式(3.21)可得

$$\begin{aligned}&[\boldsymbol{P}(z^{-1})\bar{\boldsymbol{B}}(z^{-1}) + \boldsymbol{Q}(z^{-1})\boldsymbol{A}(z^{-1})]y(k+1)\\ =\ &\bar{\boldsymbol{B}}(z^{-1})\boldsymbol{R}(z^{-1})w(k) + [\boldsymbol{Q}(z^{-1})\bar{\bar{\boldsymbol{B}}}(z^{-1}) - \\ &\bar{\boldsymbol{B}}(z^{-1})\boldsymbol{S}(z^{-1})]u(k) + [\boldsymbol{Q}(z^{-1}) - \bar{\boldsymbol{B}}(z^{-1})\boldsymbol{K}(z^{-1})]v[k]\end{aligned} \tag{3.27}$$

选择$\boldsymbol{P}(z^{-1})$、$\boldsymbol{Q}(z^{-1})$、$\boldsymbol{R}(z^{-1})$、$\boldsymbol{K}(z^{-1})$和$\boldsymbol{S}(z^{-1})$满足条件

$$\boldsymbol{P}(z^{-1})\bar{\boldsymbol{B}}(z^{-1}) + \boldsymbol{Q}(z^{-1})\boldsymbol{A}(z^{-1}) = \bar{\boldsymbol{B}}(z^{-1})\boldsymbol{R}(z^{-1}) \tag{3.28}$$

$$\boldsymbol{Q}(z^{-1})\bar{\bar{\boldsymbol{B}}}(z^{-1}) = \bar{\boldsymbol{B}}(z^{-1})\boldsymbol{S}(z^{-1}) \tag{3.29}$$

$$\boldsymbol{Q}(z^{-1}) = \bar{\boldsymbol{B}}(z^{-1})\boldsymbol{K}(z^{-1}) \tag{3.30}$$

$$\det[\boldsymbol{P}(z^{-1})\boldsymbol{B}(z^{-1}) + \boldsymbol{A}(z^{-1})[\boldsymbol{Q}(z^{-1}) + \boldsymbol{S}(z^{-1})]] \neq 0,\ |z| \geqslant 1 \tag{3.31}$$

则闭环控制系统为稳定的，同时可以消除跟踪误差以及耦合对控制系统的影响。

3. 非线性项估计

对于任意时刻k，采用自适应神经元模糊推理系统（ANFIS）在线近似估计高阶非线性项$v[x(k)]$。模糊推理系统的结构如图3.15所示，其输入为$u(k),\cdots,u(k-n_b)$和$y(k),\cdots,y(k-n_a+1)$的模糊集，模糊推理系统的输出可

由模糊规则和激活强度给出，可由下式表示：

$$\hat{v}[x(k)]=\text{ANFIS}[x(k),\bar{\omega}(k)]$$

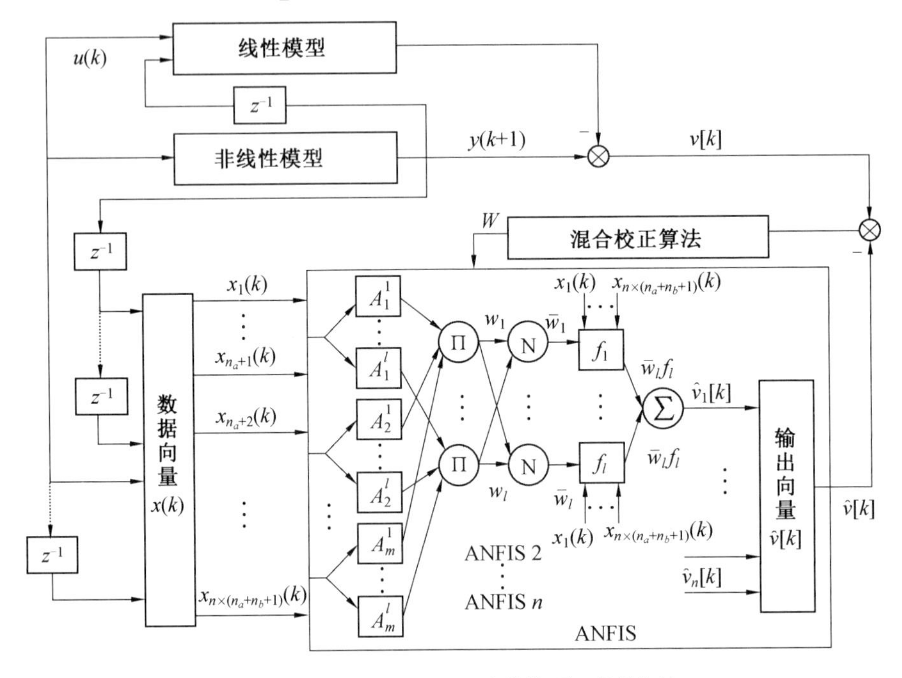

图 3.15 基于 ANFIS 的非线性项 $v[k]$ 估计

4. 基于 ANFIS 和多模型的自适应解耦控制

根据式(3.21)可以得到系统参数的辨识方程：

$$y(k+1)=\Theta^{\mathrm{T}}X(k)+v[k] \tag{3.32}$$

其中 $\Theta=[A_1,\cdots,A_{n_a},B_0,\cdots,B_{n_b}]^{\mathrm{T}}$，$X(k)=[-y^{\mathrm{T}}(k),\cdots,-y^{\mathrm{T}}(k-n_a+1),u^{\mathrm{T}}(k),\cdots,u^{\mathrm{T}}(k-n_b)]^{\mathrm{T}}$。

本书中，采用两个估计模型去预估系统的输出，其一为线性估计模型

$$\hat{y}_1(k+1)=\hat{\Theta}_1^{\mathrm{T}}(k)X(k) \tag{3.33}$$

其中 $\hat{\Theta}_1^{\mathrm{T}}(k)$ 为在 k 采样时刻 Θ 的估计，参数矩阵 Θ 可定义为

$$\hat{\Theta}_1(k)=\hat{\Theta}_1(k-1)+\frac{\mu_1(k)X(k-1)e_1^{\mathrm{T}}(k)}{1+X(k-1)^{\mathrm{T}}X(k-1)} \tag{3.34}$$

$$\mu_1(k)=\begin{cases}1 & \text{if } \|e_1(k)\|>4\Delta\\ 0 & \text{else}\end{cases} \tag{3.35}$$

其中 $e_1(k)$ 为线性模型偏差，

$$e_1(k)=y(k)-\hat{y}_1(k)=y(k)-\hat{\Theta}_1^{\mathrm{T}}(k-1)X(k-1) \tag{3.36}$$

其二为非线性估计模型

$$\hat{y}_2(k+1)=\hat{\Theta}_2^{\mathrm{T}}(k)X(k)+\hat{v}[k] \tag{3.37}$$

其中 $\hat{v}[k]$可由 ANFIS 估计得出，$\hat{\Theta}_2^{\mathrm{T}}(k)$为 Θ 在 k 采样时刻的另一估计值，参数矩阵 Θ 由下式确定，

$$\hat{\Theta}_2(k)=\hat{\Theta}_2(k-1)+\frac{\mu_2(k)X(k-1)e_2^{\mathrm{T}}(k)}{1+X(k-1)^{\mathrm{T}}X(k-1)} \tag{3.38}$$

$$\mu_2(k)=\begin{cases}1 & \text{if } \| e_2(k) \| >4\Delta \\ 0 & \text{else}\end{cases} \tag{3.39}$$

其中 $e_2(k)$为非线性模型偏差，

$$e_2(k)=y(k)-\hat{y}_2(k)=y(k)-\hat{\Theta}_2^{\mathrm{T}}(k-1)X(k-1)-\hat{v}[k-1] \tag{3.40}$$

如果不考虑非线性项对系统的影响，那么根据式(3.32)、式(3.36)、式(3.37)、式(3.38)、式(3.39)和式(3.40)，可以得到基于线性估计模型的线性自适应解耦控制器：

$$\hat{\bar{H}}_1^k(z^{-1})u(k)=\hat{\bar{R}}_1^k(z^{-1})w(k)-\hat{\bar{G}}_1{}^k(z^{-1})y(k)-\hat{\bar{\bar{H}}}_1{}^k(z^{-1})u(k) \tag{3.41}$$

其中，$\hat{\bar{H}}_1^k(z^{-1})=\hat{F}_1^k(z^{-1})\hat{\bar{B}}_1^k(z^{-1})+\hat{Q}_1^k(z^{-1})$，$\hat{\bar{R}}_1^k(z^{-1})=I$，$\hat{\bar{G}}_1^k(z^{-1})=-\hat{A}_1^k(z^{-1})$，$\hat{\bar{\bar{H}}}_1^k(z^{-1})=\hat{F}_1^k(z^{-1})\hat{\bar{\bar{B}}}_1^k(z^{-1})+\hat{S}_1^k(z^{-1})$。

基于 ANFIS 非线性估计模型的非线性自适应解耦控制器如下：

$$\hat{\bar{H}}_2^k(z^{-1})u(k)=\hat{\bar{R}}_2^k(z^{-1})w(k)-\hat{\bar{G}}_2^k(z^{-1})y(k)-\hat{\bar{\bar{H}}}_2^k(z^{-1})u(k)-\hat{\bar{K}}_2^k(z^{-1})\hat{v}[k] \tag{3.42}$$

其中，$\hat{\bar{H}}_2^k(z^{-1})=\hat{F}_2^k(z^{-1})\hat{\bar{B}}_2^k(z^{-1})+\hat{Q}_2^k(z^{-1})$，$\hat{\bar{R}}_2^k(z^{-1})=I$，$\hat{\bar{G}}_2^k(z^{-1})=-\hat{A}_2^k(z^{-1})$，$\hat{\bar{\bar{H}}}_2^k(z^{-1})=\hat{F}_2^k(z^{-1})\hat{\bar{\bar{B}}}_2^k(z^{-1})+\hat{S}_2^k(z^{-1})$，$\hat{\bar{K}}_2^k(z^{-1})=\hat{F}_2^k(z^{-1})+\hat{K}_2^k(z^{-1})=\hat{F}_2^k(z^{-1})+\hat{\bar{B}}_2^{k^{-1}}(z^{-1})\hat{Q}_2^k(z^{-1})$。

线性自适应解耦控制器能够保证闭环控制系统稳定，但没有考虑非线性特性对系统的影响，因此当非线性项很大时，线性自适应解耦控制器很难获得理想的控制性能指标。非线性自适应解耦控制器能有效降低非线性对系统输出所带来的影响，但其没有考虑闭环系统的稳定性。为了改善控制系统的性能指标及保证系统的稳定性，本书提出了一种多模型切换控制策略，其切换规则如下：

$$J_i(k)=\sum_{l=1}^{k}\frac{\mu_i(l)(\|e_i(l)\|^2-16\Delta^2)}{4(1+X(l-1)^{\mathrm{T}}X(l-1))}+\beta\sum_{l=k-N+1}^{k}(1-\mu_i(l))\|e_i(l)\|^2(i=1,2) \tag{3.43}$$

$$\mu_i(k)=\begin{cases}1 & \text{if } \|e_i(k)\|>4\Delta\\ 0 & \text{else}\end{cases} \tag{3.44}$$

式中，N 为整数；$\beta\geqslant 0$ 为预先定义的常数；$i=1$ 代表线性模型，$i=2$ 代表非线性模型。在任意采样时刻 k，线性估计模型和非线性估计模型同时给出其估计值，模型参数通过系统的输入输出数据进行更新，同时，计算切换规则性能指标 $J_1(k)$ 和 $J_2(k)$，然后选择对应性能指标 $J_i^*(k)$ 较小的控制器 $u^*(k)$ 应用于控制系统。

5. 稳定性和收敛性分析

本节将给出闭环系统的稳定性和收敛性分析，说明所提出的基于神经网络和多模型的多变量非线性解耦控制方法能够尽可能地减小耦合与非线性项对闭环系统的影响，使得闭环系统的稳态跟踪误差小于任意给定的正数，同时保证闭环系统的输入输出有界。

引理 4.1 当自适应控制算法(3.34)～(3.36)和线性自适应解耦控制器(3.41)作用于被控对象(3.21)时，闭环系统的输入输出动态方程为

$$\begin{bmatrix}\tilde{\hat{H}}_1^k(z^{-1})\hat{A}_1^k(z^{-1})+\tilde{B}_1^k(z^{-1})\hat{\bar{G}}_1^k(z^{-1})-\Gamma_1 & \Gamma_2\\ \Gamma_3 & \hat{\bar{G}}_1^k(z^{-1})\vec{\hat{B}}_1^k(z^{-1})+\hat{A}_1(z^{-1})^k\hat{H}_1^k(z^{-1})-\Gamma_4\end{bmatrix}\begin{bmatrix}y(k)\\ u(k)\end{bmatrix}$$

$$=\begin{bmatrix}\tilde{B}_1^k(z^{-1})\hat{\bar{R}}_1^k(z^{-1})\\ \hat{A}_1^k(z^{-1})\hat{\bar{R}}_1^k(z^{-1})\end{bmatrix}w(k)+\begin{bmatrix}\tilde{\hat{H}}_{1k}(z^{-1})\\ -\hat{\bar{G}}_{1k}(z^{-1})\end{bmatrix}e_1(k) \tag{3.45}$$

其中，$\Gamma_1=\tilde{\hat{H}}_1^k(z^{-1})\hat{A}_1^k(z^{-1})-\tilde{\hat{H}}_1^k(z^{-1})\hat{A}_1^{k-1}(z^{-1})$，$\Gamma_2=\tilde{\hat{H}}_1^k(z^{-1})\vec{\hat{B}}_1^k(z^{-1})-\tilde{\hat{H}}_1^k(z^{-1})\vec{\hat{B}}_1^{k-1}(z^{-1})$，$\Gamma_3=\hat{\bar{G}}_1^k(z^{-1})\hat{A}_1^k(z^{-1})-\hat{\bar{G}}_1^k(z^{-1})\hat{A}_1^{k-1}(z^{-1})$，$\Gamma_4=\hat{\bar{G}}_1^k(z^{-1})\vec{\hat{B}}_1^k(z^{-1})-\hat{\bar{G}}_1^k(z^{-1})\vec{\hat{B}}_1^{k-1}(z^{-1})$，$\vec{\hat{B}}_1^k=z^{-1}\hat{B}_1^k(z^{-1})$，这里矩阵 $\tilde{B}_1^k(z^{-1})$ 和 $\tilde{\hat{H}}_1^k(z^{-1})$ 满足以下条件：

$$\tilde{B}_1^k(z^{-1})\hat{H}_1^k(z^{-1})=\tilde{\hat{H}}_1^k(z^{-1})\vec{\hat{B}}_1^k(z^{-1}),\ \det\{\tilde{B}_1^k(z^{-1})\}=\det\{\vec{\hat{B}}_1^k(z^{-1})\}。$$

证明 由式(3.36)可以得到

$$e_1(k)=\hat{A}_1^{k-1}y(k)-\hat{\vec{B}}_1^{k-1}u(k) \tag{3.46}$$

定义 $\hat{\vec{B}}_1^k=z^{-1}\hat{B}_1^k$

$\breve{B}_1^k$ 左乘式(3.41)，可以得出

$$\breve{B}_1^k\hat{H}_1^k u(k)=\breve{B}_1^k\hat{\bar{R}}_1^k w(k)-\breve{B}_1^k\hat{\bar{G}}_1^k y(k) \tag{3.47}$$

$\widetilde{\hat{H}}_1^k$ 左乘式(3.36)，可以得出

$$\widetilde{\hat{H}}_1^k e_1(k)=\widetilde{\hat{H}}_1^k\hat{A}_1^{k-1}y(k)-\widetilde{\hat{H}}_1^k\hat{\vec{B}}_1^{k-1}u(k) \tag{3.48}$$

式(3.48)可以用下式的形式表示：

$$\widetilde{\hat{H}}_1^k\hat{A}_1^k y(k)+[\widetilde{\hat{H}}_1^k\hat{A}_1^{k-1}-\widetilde{\hat{H}}_1^k\hat{A}_1^k]y(k)-\widetilde{\hat{H}}_1^k\hat{\vec{B}}_1^{k-1}u(k)=\widetilde{\hat{H}}_1^k e_1(k) \tag{3.49}$$

合并式(3.47) 和式(3.49)，可以得到

$$\begin{aligned}\widetilde{\hat{H}}_1^k e_1(k)+\breve{B}_1^k\hat{\bar{R}}_1^k w(k)=&\widetilde{\hat{H}}_1^k\hat{A}_1^k y(k)+\breve{B}_1^k\hat{\bar{G}}_1^k y(k)+\\&[\widetilde{\hat{H}}_1^k\hat{A}_1^{k-1}-\widetilde{\hat{H}}_1^k\hat{A}_1^k]y(k)+[\widetilde{\hat{H}}_1^k\hat{\vec{B}}_1^k-\widetilde{\hat{H}}_1^k\hat{\vec{B}}_1^{k-1}]u(k)\end{aligned} \tag{3.50}$$

$\hat{A}_1^k$ 左乘式(3.41)，可以得到

$$\hat{A}_1^k\hat{H}_1^k u(k)=\hat{A}_1^k\hat{\bar{R}}_1^k w(k)-\hat{A}_1^k\hat{\bar{G}}_1^k y(k) \tag{3.51}$$

$-\hat{\bar{G}}_1^k$ 左乘式(3.46)，可以得到

$$-\hat{\bar{G}}_1^k e_1(k)=-\hat{\bar{G}}_1^k\hat{A}_1^{k-1}y(k)+\hat{\bar{G}}_1^k\hat{\vec{B}}_1^{k-1}u(k) \tag{3.52}$$

式(3.52)可以写为

$$\hat{\bar{G}}_1^k\hat{\vec{B}}_1^k u(k)+[\hat{\bar{G}}_1^k\hat{\vec{B}}_1^{k-1}-\hat{\bar{G}}_1^k\hat{\vec{B}}_1^k]u(k)=-\hat{\bar{G}}_1^k e_1(k)+\hat{\bar{G}}_1^k\hat{A}_1^{k-1}y(k) \tag{3.53}$$

合并式(3.51)和式(3.53)，可以得到

$$\begin{aligned}\hat{\bar{G}}_1^k\hat{\vec{B}}_1^k u(k)+\hat{A}_1^k\hat{H}_1^k u(k)+[\hat{\bar{G}}_1^k\hat{\vec{B}}_1^{k-1}-\hat{\bar{G}}_1^k\hat{\vec{B}}_1^k]u(k)=&\hat{A}_1^k\hat{\bar{R}}_1^k w(k)-\hat{\bar{G}}_1^k e_1(k)+\\&[\hat{\bar{G}}_1^k\hat{A}_1^{k-1}-\hat{\bar{G}}_1^k\hat{A}_1^k]y(k)\end{aligned} \tag{3.54}$$

从式(3.50)和式(3.54)可以得到闭环系统输入输出的动态方程(3.45)。

引理 4.2 当自适应控制算法(3.38)～(3.40)和线性自适应解耦控制器(3.42)作用于被控对象(3.21)时，闭环系统的输入输出动态方程为

$$\begin{bmatrix} \tilde{\hat{H}}_2^k(z^{-1})\hat{A}_2^k(z^{-1})+\tilde{B}_2^k(z^{-1})\hat{\bar{G}}_2^k(z^{-1})-\Xi_1 & \Xi_2 \\ \Xi_3 & \hat{A}_2^k(z^{-1})\hat{H}_2^k(z^{-1})+\hat{\bar{G}}_2^k(z^{-1})\vec{\hat{B}}_2^k(z^{-1})-\Xi_4 \end{bmatrix} \begin{bmatrix} y(k) \\ u(k) \end{bmatrix}$$

$$= \begin{bmatrix} \tilde{B}_2^k(z^{-1})\hat{\bar{R}}_2^k(z^{-1}) \\ \hat{A}_2^k(z^{-1})\hat{\bar{R}}_2^k(z^{-1}) \end{bmatrix} w(k) + \begin{bmatrix} [z^{-1}\tilde{\hat{H}}_2^k(z^{-1})-\tilde{B}_2^k(z^{-1})\hat{\bar{K}}_2^k(z^{-1})] \\ -[z^{-1}\hat{\bar{G}}_2^k(z^{-1})+\hat{A}_2^k(z^{-1})\hat{\bar{K}}_2^k(z^{-1})] \end{bmatrix} \hat{v}(k) +$$

$$\begin{bmatrix} \tilde{\hat{H}}_2^k(z^{-1}) \\ -\hat{\bar{G}}_2^k(z^{-1}) \end{bmatrix} e_2(k) \tag{3.55}$$

其中,$\Xi_1=\tilde{\hat{H}}_2^k(z^{-1})\hat{A}_2^k(z^{-1})-\tilde{\hat{H}}_2^k(z^{-1})\hat{A}_2^{k-1}(z^{-1})$, $\Xi_2=\tilde{\hat{H}}_2^k(z^{-1})\vec{\hat{B}}_2^k(z^{-1})-\tilde{\hat{H}}_2^k(z^{-1})\vec{\hat{B}}_2^{k-1}(z^{-1})$, $\Xi_3=\hat{\bar{G}}_2^k(z^{-1})\hat{A}_2^k(z^{-1})-\hat{\bar{G}}_2^k(z^{-1})\hat{A}_2^{k-1}(z^{-1})$,$\Xi_4=\hat{\bar{G}}_2^k(z^{-1})\vec{\hat{B}}_2^k(z^{-1})-\hat{\bar{G}}_2^k(z^{-1})\vec{\hat{B}}_2^{k-1}(z^{-1})$,$\vec{\hat{B}}_2^k=z^{-1}\hat{B}_2^k(z^{-1})$,这里矩阵 $\tilde{B}_2^k(z^{-1})$和$\tilde{\hat{H}}_2(z^{-1})$满足

$$\tilde{B}_2^k(z^{-1})\hat{H}_2(z^{-1})=\tilde{\hat{H}}_2(z^{-1})\vec{\hat{B}}_2^k(z^{-1}),\det\{\tilde{B}_2^k(z^{-1})\}=\det\{\vec{\hat{B}}_2^k(z^{-1})\}。$$

证明 与引理 4.1 的证明类似

从式(3.40)可以得到

$$e_2(k)=\hat{A}_2^{k-1}y(k)-\vec{\hat{B}}_2^{k-1}u(k)-\hat{v}[k-1] \tag{3.56}$$

定义$\vec{\hat{B}}_2^k=z^{-1}\hat{B}_2^k$,

$\tilde{B}_2^k$ 左乘式(3.42),可以得到

$$\tilde{B}_2^k\hat{H}_2^k u(k)=\tilde{B}_2^k\hat{\bar{R}}_2^k w(k)-\tilde{B}_2^k\hat{\bar{G}}_2^k y(k)-\tilde{B}_2^k\hat{\bar{K}}_2^k\hat{v}[k] \tag{3.57}$$

$\tilde{\hat{H}}_2^k$ 左乘式(3.56),可以得到

$$\tilde{\hat{H}}_2^k e_2(k)=\tilde{\hat{H}}_2^k\hat{A}_2^{k-1}y(t)-\tilde{\hat{H}}_2^k\vec{\hat{B}}_2^{k-1}u(k)-\tilde{\hat{H}}_2^k\hat{v}[k-1] \tag{3.58}$$

式(3.58)可以写为

$$\tilde{\hat{H}}_2^k e_2(k)=\tilde{\hat{H}}_2^k\hat{A}_2^k y(k)+[\tilde{\hat{H}}_2^k\hat{A}_2^{k-1}-\tilde{\hat{H}}_2^k\hat{A}_2^k]y(k)-\tilde{\hat{H}}_2^k\vec{\hat{B}}_2^{k-1}u(k)-z^{-1}\tilde{\hat{H}}_2^k\hat{v}[k] \tag{3.59}$$

合并式(3.57)和式(3.59),可以得到

$$\tilde{\tilde{H}}_2^k \hat{A}_2^k y(k) + \tilde{B}_2^k \hat{\bar{G}}_2^k y(k) + [\tilde{\tilde{H}}_2^k \hat{A}_2^{k-1} - \tilde{\tilde{H}}_2^k \hat{A}_2^k] y(k) + [\tilde{\tilde{H}}_2^k \vec{\bar{B}}_2^k - \tilde{\tilde{H}}_2^k \vec{\bar{B}}_2^{k-1}] u(k)$$

$$= \tilde{B}_2^k \hat{\bar{R}}_2^k w(k) + \tilde{\tilde{H}}_2^k e_2(k) + [z^{-1} \tilde{\tilde{H}}_2^k - \tilde{B}_2^k \hat{\bar{K}}_2^k] \hat{v}[k] \tag{3.60}$$

$\hat{A}_2^k$ 左乘式(3.42),可以得到

$$\hat{A}_2^k \hat{H}_2^k u(k) = \hat{A}_2^k \hat{\bar{R}}_2^k w(k) - \hat{A}_2^k \hat{\bar{G}}_2^k y(k) - \hat{A}_2^k \hat{\bar{K}}_2^k \hat{v}[k] \tag{3.61}$$

$-\hat{\bar{G}}_2^k$ 左乘式(3.56),可以得到

$$-\hat{\bar{G}}_2^k e_2(k) = -\hat{\bar{G}}_2^k \hat{A}_2^{k-1} y(k) + \hat{\bar{G}}_2^k \vec{\bar{B}}_2^{k-1} u(k) + \hat{\bar{G}}_2^k \hat{v}[k-1] \tag{3.62}$$

式(3.62)可以写为

$$\hat{\bar{G}}_2^k \vec{\bar{B}}_2^k u(k) + [\hat{\bar{G}}_2^k \vec{\bar{B}}_2^{k-1} - \hat{\bar{G}}_2^k \vec{\bar{B}}_2^k] u(k) - \hat{\bar{G}}_2^k \hat{A}_2^{k-1} y(k) = -\hat{\bar{G}}_2^k e_2(k) - z^{-1} \hat{\bar{G}}_2^k \hat{v}(k) \tag{3.63}$$

合并式(3.61)和式(3.63),可以得到

$$\hat{A}_2^k \hat{H}_2^k u(k) + \hat{\bar{G}}_2^k \vec{\bar{B}}_2^k u(k) + [\hat{\bar{G}}_2^k \vec{\bar{B}}_2^{k-1} - \hat{\bar{G}}_2^k \vec{\bar{B}}_2^k] u(k) + [\hat{\bar{G}}_2^k \hat{A}_2^k - \hat{\bar{G}}_2^k \hat{A}_2^{k-1}] y(k)$$

$$= \hat{A}_2^k \hat{\bar{R}}_2^k w(k) - \hat{\bar{G}}_2^k e_2(k) - [z^{-1} \hat{\bar{G}}_2^k + \hat{A}_2^k \hat{\bar{K}}_2^k] \hat{v}[k] \tag{3.64}$$

这样,可以从式(3.60)和式(3.64)得出闭环系统输入输出的动态方程(3.55)。

定理　对于被控对象(3.21),采用自适应控制算法(3.34)～(3.36)和(3.38)～(3.40),以及切换机制(3.43)～(3.44),闭环系统的输入输出是有界的。而且,对于任意小的正数 ε, 非线性自适应解耦控制器(3.42)使得闭环系统的跟踪误差

$$\lim_{k\to\infty} \| e(k) \| = \lim_{k\to\infty} \| [\tilde{\tilde{H}}_2^k(z^{-1}) \hat{A}_2^k(z^{-1}) + \tilde{B}_2^k(z^{-1}) \hat{\bar{G}}_2^k(z^{-1})] y(k)$$

$$- \tilde{B}_2^k(z^{-1}) \hat{\bar{G}}_2^k(z^{-1}) w(k) \| \leqslant \varepsilon \tag{3.65}$$

证明　应用类似于文献[197]的方法,可以得到

① $\lim\limits_{k\to\infty} \dfrac{\mu_1(k)(\| e_1(k) \|^2 - 16\Delta^2)}{2(1 + X^{\mathrm{T}}(k-1) X(k-1))} = 0$;

② $\| \hat{\Theta}_1(k) - \Theta \| \leqslant \| \hat{\Theta}_1(0) - \Theta \|$;

③ $\lim\limits_{k\to\infty} \| \hat{\Theta}_1(k) - \hat{\Theta}_1(k - \bar{k}) \| = 0$。

其中 $\bar{k}$ 为有界正数。

首先证明当线性自适应解耦控制器单独使用时,闭环系统输入输出有界。

根据②可知,对于任意时刻 k,矩阵 $\hat{A}(z^{-1})$ 和 $\hat{B}(z^{-1})$ 的系数都是有界的,同时可以得出 $\hat{\bar{H}}_1^k$,$\hat{\bar{\bar{H}}}_1^k$ 和 $\hat{\bar{G}}_1^k$ 都是有界的。采用类似于文献[198]的方法,可以得到

$$\det[\tilde{\hat{H}}_1^k \hat{A}_1^k + \breve{B}_1^k \hat{\bar{G}}_1^k] = \det[\hat{\bar{G}}_1^k \vec{\bar{B}}_1^k + \hat{A}_1^k \hat{H}_1^k]$$

根据③可知,当 $k \to \infty$ 时,$\Gamma_i(i=1,\cdots,4)$ 里所包括的所有项的系数趋近于0,因此闭环系统(3.45)以任意精度逼近渐进稳定系统。因为闭环系统的输入输出 $\{w(k), y(k), u(k)\}$ 有界,因此存在正常数 C_1,C_2,C_3,C_4 使得

$$\| y(k) \| \leqslant C_1 + C_2 \max_{0 \leqslant \tau \leqslant k} \| e_1(\tau) \|$$

$$\| u(k) \| \leqslant C_3 + C_4 \max_{0 \leqslant \tau \leqslant k} \| e_1(\tau) \|$$

同样可知,存在正常数 C_5,C_6 使得

$$\| X(k-1) \| \leqslant C_5 + C_6 \max_{0 \leqslant \tau \leqslant k} \| e_1(\tau) \|$$

根据①,以及文献[199]中的引理 3.1,可知当单独使用线性自适应解耦控制器(3.41)时 $X(k-1)$ 有界,即闭环系统的输入输出有界。

下面将证明当使用自适应解耦算法(3.38)~(3.40),非线性自适应解耦控制器(3.42)及切换机制时,闭环系统输入输出的有界。

根据式(3.55),以及参考输入 $w(k)$ 和 $\hat{v}[k]$ 有界可知,存在正常数 C_7 和 C_8 使得

$$\| X(k-1) \| \leqslant C_7 + C_8 \max_{0 \leqslant \tau \leqslant k} \| e_2(\tau) \| \tag{3.66}$$

由式(3.44)可知,式(3.43)中的第二项总是有界的,因此 $J_1(k)$ 有界,对于 $J_2(k)$,则有以下两种情况:

① $J_2(k)$ 有界,通过切换机制可知,

$$\lim_{k \to \infty} \frac{\mu_2(k)(\| e_2(k) \|^2 - 16\Delta^2)}{4(1 + X^{\mathrm{T}}(k-1)X(k-1))} = 0 \tag{3.67}$$

因此,对于系统模型偏差 $e(k) = e_1(k)$ 或 $e(k) = e_2(k)$ 满足

$$\lim_{k \to \infty} \frac{\mu(k)(\| e(k) \|^2 - 16\Delta^2)}{4(1 + X(k-1)^{\mathrm{T}} X(k-1))} = 0 \tag{3.68}$$

其中 $\mu(k) = \begin{cases} 1 & \text{if } \| e(k) \| > 4\Delta \\ 0 & \text{else} \end{cases}$。

② $J_2(k)$ 无界。$J_1(k)$ 是有界的,因此存在常数 k_0,对于任意 $k \geqslant k_0$,使得 $J_1(k) \leqslant J_2(k)$,由切换机制可知,切换到线性自适应解耦控制器,模型误差

$e(k)=e_1(k)$，对于任意 $k\geqslant k_0+1$ 满足式(3.68)。

同样，根据式(3.66)～(3.68)，以及文献[199]中的引理 3.1 可知 $X(k-1)$ 有界，即闭环切换系统的输入和输出是有界的。

最后分析闭环系统的收敛性，根据式(3.43)及 $X(k-1)$ 有界可知，闭环系统的模型误差 $e_i(k)(i=1,2)$ 满足

$$\lim_{k\to\infty}\mu(k)(\|e(k)\|^2-16\Delta^2)=0，即\lim_{k\to\infty}\|e(k)\|<4\Delta。$$

因此，可以得到

$$\lim_{k\to\infty}\sup\|e(k)\|<4\Delta \tag{3.69}$$

根据切换机制，当线性自适应解耦控制器(3.41)作用于被控对象(3.21)时，可以得到

$$\lim_{k\to\infty}\|\tilde{\hat{H}}_1^k(z^{-1})\hat{A}_1^k(z^{-1})y(k)+\tilde{B}_1^k(z^{-1})\hat{\bar{G}}_1^k(z^{-1})y(k)-\tilde{B}_1^k(z^{-1})\hat{\bar{G}}_1^k(z^{-1})w(t)\|$$

$$=\lim_{k\to\infty}\|\tilde{\hat{H}}_1^k(z^{-1})e_1(k)\|$$

从而得到

$$\lim_{k\to\infty}\|\tilde{\hat{H}}_2^k(z^{-1})\hat{A}_2^k(z^{-1})y(k)+\tilde{B}_2^k(z^{-1})\hat{\bar{G}}_2^k(z^{-1})y(k)-\tilde{B}_1^k(z^{-1})\hat{\bar{G}}_1^k(z^{-1})w(k)\|\leqslant$$

$$4\|\tilde{\hat{H}}_1^k(1)\|\Delta$$

同理，当非线性自适应解耦控制器(3.42)作用于被控对象(3.21)时，可以得到闭环切换系统的跟踪误差满足

$$\lim_{k\to\infty}\|\tilde{B}_2(z^{-1})\hat{L}_2(z^{-1})y(k)+\tilde{H}_2(z^{-1})\hat{A}_2(z^{-1})y(k)-\tilde{B}_2^k(z^{-1})\hat{\bar{G}}_2^k(z^{-1})w(k)\|\leqslant$$

$$4\|\tilde{\hat{H}}_2^k(1)\|\Delta$$

定义 $\bar{\varepsilon}=\max\{4\|\tilde{H}_1(1)\|\Delta,4\|\tilde{H}_2(1)\|\Delta\}$，那么无论线性自适应解耦控制器还是非线性自适应解耦控制器作用于被控对象，闭环系统的跟踪误差均满足

$$\lim_{k\to\infty}\|e(k)\|\leqslant\bar{\varepsilon}$$

另外，非线性自适应解耦控制器能够获得更好的收敛效果。

定义 $\tilde{\Theta}_2(t)=\hat{\Theta}_2(t)-\Theta$，可以得到

$$|\tilde{\Theta}_2(k)\|^2\leqslant\|\tilde{\Theta}_2(k-1)\|^2-\frac{\mu_2(k)[\|e_2(k)\|^2-16\|v[k-1]-\hat{v}[k-1]\|^2]}{4(1+X(k-1)^{\mathrm{T}}X(k-1))}$$

其中 $\mu_2(k)=\begin{cases}1 & \text{if }\|e_2(k)\|>4\Delta\\ 0 & \text{else}\end{cases}$

由式(3.43)可知，如果 $\| e_2(k) \| \leqslant 4 \| v[k-1]-\hat{v}[k-1] \|$ 及 $\| e_2(k) \| \leqslant 4\Delta$，那么 $\mu_2(k)=0$；如果 $\| e_2(k) \| > 4 \| v[k-1]-\hat{v}[k-1] \|$ 及 $\| e_2(k) \| > 4\Delta$，那么 $\mu_2(k)=1$；否则 $\mu_2(k)=0$。

因此，$\{ \| \tilde{\Theta}_2(k) \|^2 \}$ 为非增序列，且 $\hat{\Theta}_2(k)$ 有界，那么

$$\lim_{k\to\infty}\frac{\mu_2(k)[\| e_2(k) \|^2-16 \| v[k-1]-\hat{v}[k-1] \|^2]}{4(1+X(k-1)^{\mathrm{T}}X(k-1))}=0$$

由于 $X(k-1)$ 有界，可以得到

$$\lim_{k\to\infty}\mu_2(k)[\| e_2(k) \|^2-16 \| v[k-1]-\hat{v}[k-1] \|^2]=0$$

即

$$\lim_{k\to\infty}\sup \| e_2(k) \| \leqslant \lim_{k\to\infty} 4\sup\{ \| v[k-1]-\hat{v}[k-1] \| \} \leqslant \delta$$

因此系统的跟踪误差满足

$$\begin{aligned}\lim_{k\to\infty}\| e(k) \| &= \lim_{k\to\infty}\| [\tilde{\hat{H}}_2^k(z^{-1})\hat{A}_2^k(z^{-1})+\tilde{B}_2^k(z^{-1})\hat{\bar{G}}_2^k(z^{-1})]y(k)- \\ &\quad \tilde{B}_2^k(z^{-1})\hat{\bar{G}}_2^k(z^{-1})w(k) \| \\ &= \lim_{k\to\infty}\| \tilde{\hat{H}}_2^k(z^{-1})e_2(k) \| < \lim_{k\to\infty}\| \tilde{\hat{H}}_2^k(z^{-1}) \| \\ &\quad \sup \| e_2(k) \| \leqslant \lim_{k\to\infty}\| \tilde{\hat{H}}_2^k(1) \| \delta < \varepsilon\end{aligned}$$

式中，ε 为任意小的正数。

6. 仿真对比实验

为了验证本书提出的浮选机矿浆液位自适应解耦控制方法的有效性，进行了所设计控制器的控制性能对比仿真实验。

模型参数和工作点为 $Q_F=350\ \mathrm{m^3/h}$，$A_1=A_2=A_3=12.5\ \mathrm{m^2}$，$y_1=4.2\ \mathrm{m}$，$y_2=4.0\ \mathrm{m}$，$y_3=3.8\ \mathrm{m}$，$u_1=55.34\%$，$u_2=55.34\%$，$u_3=43.6\%$，$K_1=K_2=10.15$，$K_3=3.34$，$h_1=h_2=0.2\ \mathrm{m}$，$h_3=2\ \mathrm{m}$。控制器参数选择如下：被控对象(3.20)中 $\boldsymbol{A}(z^{-1})$ 和 $\boldsymbol{B}(z^{-1})$ 的阶次分别为 $n_a=2$ 和 $n_b=1$，$\boldsymbol{A}(z^{-1})$ 和 $\boldsymbol{B}(z^{-1})$ 通过最小二乘方法辨识得到：

$$\boldsymbol{A}(z^{-1})=\begin{bmatrix}1-1.126z^{-1}+0.158\,4z^{-2} & 0 & 0\\ 0 & 1-1.131z^{-1}+0.173\,4z^{-2} & 0\\ 0 & 0 & 1-1.093\,6z^{-1}+0.162\,4z^{-2}\end{bmatrix}$$

$$\boldsymbol{B}(z^{-1})=\begin{bmatrix}-0.084\,21+0.008\,347z^{-1} & -0.003\,67+0.002\,878z^{-1} & -0.004\,083-0.004\,263z^{-1}\\ 0.004\,744-0.005\,469z^{-1} & -0.004\,966+0.005\,237z^{-1} & -0.008\,412-0.000\,366\,8z^{-1}\\ 0.003\,455-0.003\,11z^{-1} & 0.007\,963-0.008\,367z^{-1} & -0.018\,39+0.010\,12z^{-1}\end{bmatrix}$$

矩阵 $\boldsymbol{P}(z^{-1})$、$\boldsymbol{Q}(z^{-1})$、$\boldsymbol{R}(z^{-1})$和 $\boldsymbol{S}(z^{-1})$ 选择如下：

$$\boldsymbol{P}(z^{-1})=\boldsymbol{I}$$

$$\boldsymbol{R}(z^{-1})=\boldsymbol{I}$$

$$\boldsymbol{Q}(z^{-1})=(1-z^{-1})\cdot\mathrm{diag}\{-0.725,0.0467,0.2821\},$$

$$\boldsymbol{S}(z^{-1})=(1-z^{-1})\begin{bmatrix}0 & -0.0076 & -0.0798\\ -0.1249 & 0 & -1.5128\\ -0.0118 & 0.0138 & 0\end{bmatrix}$$

$$\boldsymbol{K}(z^{-1})=(1-z^{-1})\cdot\mathrm{diag}\{0.9557,17.3247,-3.4111\}$$

通过求解 Diophantine 方程可以得到

$$\boldsymbol{F}(z^{-1})=\boldsymbol{I}\quad \boldsymbol{G}(z^{-1})=\begin{bmatrix}1.126-0.1584z^{-1} & 0 & 0\\ 0 & 1.131-0.1734z^{-1} & 0\\ 0 & 0 & 1.0936-0.1624z^{-1}\end{bmatrix}$$

$\bar{\boldsymbol{H}}(z^{-1})$、$\bar{\boldsymbol{G}}(z^{-1})$和$\bar{\bar{\boldsymbol{H}}}(z^{-1})$ 通过计算得到：

$$\bar{\boldsymbol{H}}(z^{-1})=\begin{bmatrix}-0.8092+0.7334z^{-1} & 0 & 0\\ 0 & 0.04173-0.04146z^{-1} & 0\\ 0 & 0 & 0.2637-0.272z^{-1}\end{bmatrix}$$

$$\bar{\boldsymbol{G}}(z^{-1})=\begin{bmatrix}-1+1.126z^{-1}-0.1584z^{-2} & 0 & 0\\ 0 & -1+1.131z^{-1}-0.1734z^{-2} & 0\\ 0 & 0 & -1+1.0936z^{-1}-0.1624z^{-2}\end{bmatrix}$$

$$\bar{\bar{\boldsymbol{H}}}(z^{-1})=\begin{bmatrix}0 & -0.0112+0.0104z^{-1} & -0.0839+0.0755z^{-1}\\ -0.1202+0.1194z^{-1} & 0 & -1.5212+1.509z^{-1}\\ 0.00834+0.00869z^{-1} & 0.0218-0.0222z^{-1} & 0\end{bmatrix}$$

根据式(3.41)和式(3.42)，建立线性解耦控制器和非线性解耦控制器。切换准则的参数选择如下：$\beta=1$，$N=2$ 和 $\Delta=0.8$。ANFIS 选择高斯函数作为隶属度函数。

为了研究本书所提方法的控制性能，浮选机矿浆液位设定值的变化如下：在 $t=0$ 时刻，第二槽矿浆液位 y_2 的设定值由 4 m 变为 4.1 m，第三槽矿浆液位 y_3 的设定值由 3.8 m 改变为 3.9 m，第一槽矿浆液位 y_1 保持不变。为了验证本书所提方法的控制效果，采用传统的 PID 控制器和 LQ 控制器与本书所提方法进行对比。PID 控制器的参数选择如下：$k_{p1}=2$，$k_{i1}=0.5$，$k_{d1}=0$，$k_{p2}=2.5$，$k_{i2}=0.8$，$k_{d2}=0$，$k_{p3}=1.5$，$k_{i3}=0.01$，$k_{d3}=0$。LQ 控制器的参数选择如下：$Q=\mathrm{diag}[1120,480,320]$；$R=\mathrm{diag}[0.1,0.03,0.01]$。为了验证本书所提方法在随机干扰下的鲁棒性，在 $t=1$ h 时刻，浮选机入口矿浆流量从 350 $\mathrm{m^3/h}$ 变为

330 m³/h,仿真结果如图 3.16～3.22 所示。

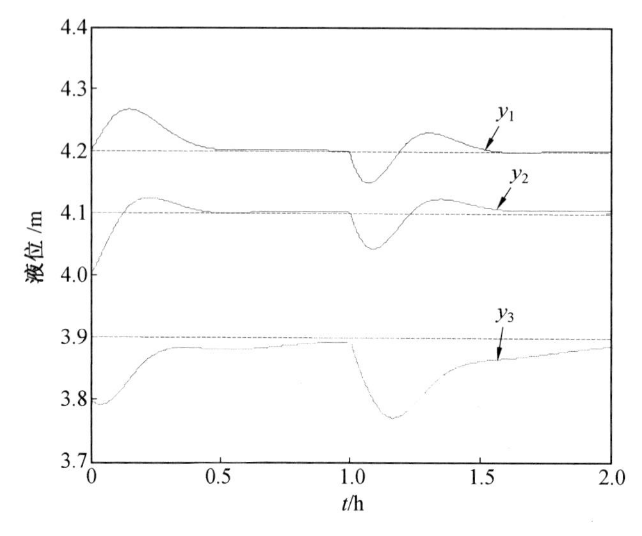

图 3.16　PI 控制器矿浆液位曲线

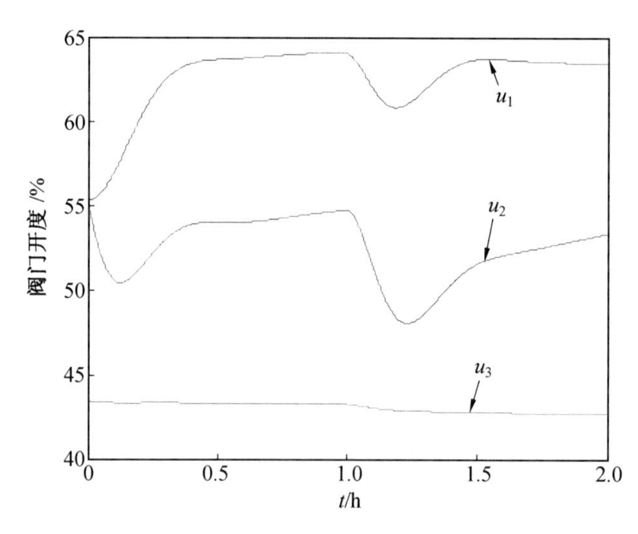

图 3.17　PI 控制器阀门开度曲线

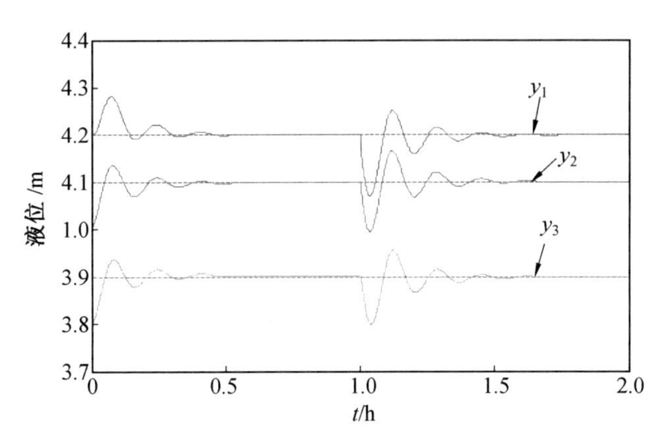

图 3.18　LQ 控制器浮选机矿浆液位曲线

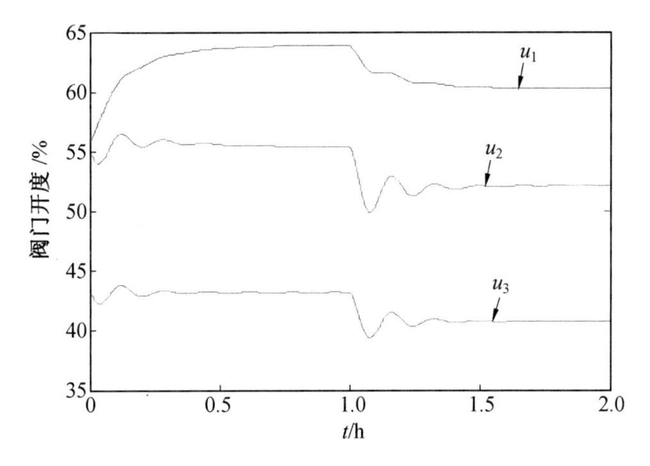

图 3.19　LQ 控制器阀门开度曲线

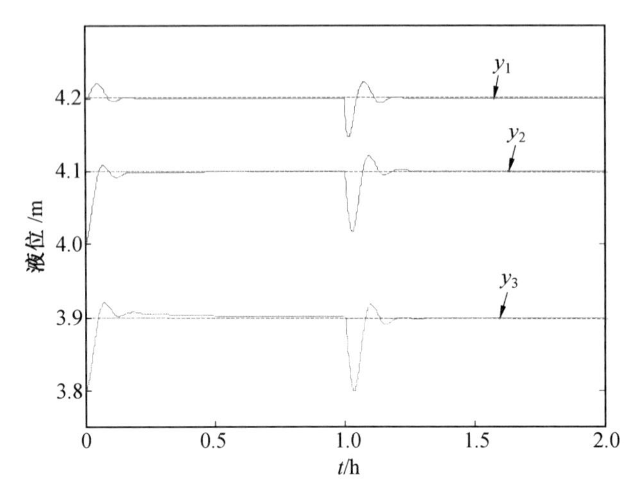

图 3.20 本书所提方法的矿浆液位曲线

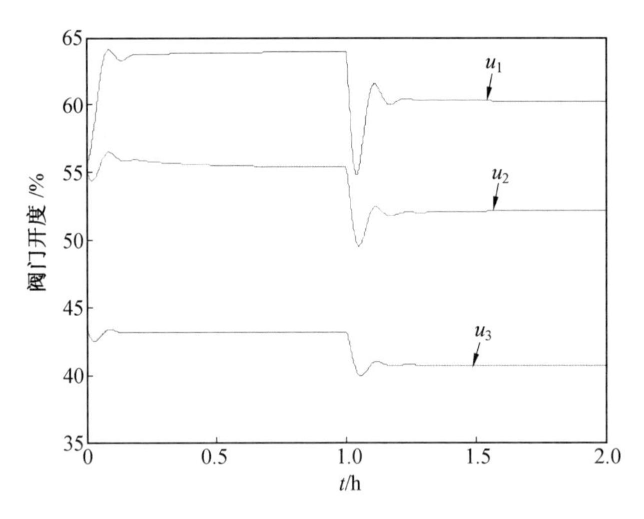

图 3.21 本书所提方法阀门开度曲线

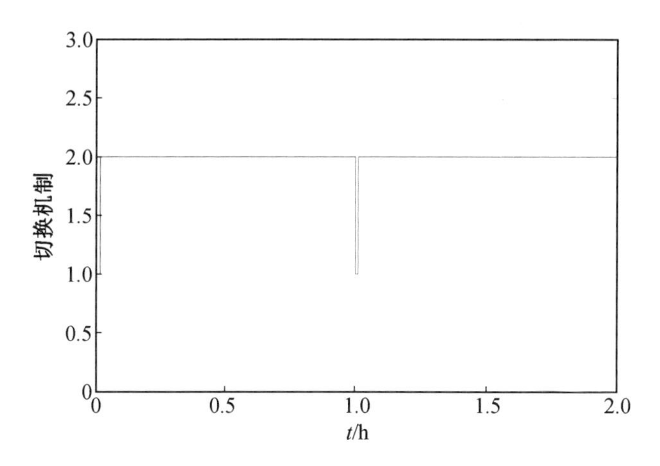

图3.22 切换机制(1为线性自适应控制,2为非线性自适应解耦控制)

从图3.16～3.19可以看出,PID控制器很难获得较好的控制性能,矿浆液位达到稳态的时间非常慢而且波动较大。LQ控制器能够快速地跟踪矿浆液位的设定值,但控制曲线的超调很大,且调整时间也比较长。从图3.20～3.22可以看出,采用本书所提方法,能够有效地消除各浮选机液位之间耦合的影响,矿浆液位能够快速跟踪设定值,且液位变化非常平稳。此外,本书所提方法能够降低随机扰动对系统的影响,当扰动随机波动时,浮选机矿浆液位能够快速跟踪其设定值。

3.4 浓密过程底流矿浆浓度和流量区间切换控制算法

区间智能切换控制算法包括外环流量设定智能切换控制算法和内环流量PI控制算法。

3.4.1 流量设定智能切换控制算法

流量设定智能切换控制算法由基于稳态模型的矿浆流量预设定、模糊推理流量设定补偿、流量保持和规则推理切换机制组成,各部分算法如下。

1. 矿浆流量预设定算法

底流矿浆浓度设定值为D_{Tref},当矿浆浓度处于稳态时,由式(2.30)可知,

$$F_{\text{Tsp}}^{*}=\frac{k_i A\ \bar{v}_{\text{p}}(\bar{v}+Q)}{D_{\text{Tref}}-k_i(\bar{v}+Q)} \tag{3.70}$$

式中 k_i,A——可根据具体浓密机设备确定;

$\bar{v}_{p}$、$\bar{v}$和 Q——浓度处于稳态时的颗粒沉降速度、浮选中矿干矿量和磁选精矿干矿量,可通过实验确定。

2. 模糊推理流量设定补偿算法

参考文献[200-202]和实际过程分析,提出流量设定模糊补偿算法,其结构如图 3.23 所示,由 e_{F_T} 和 e_{D_T} 模糊化、求补偿量 $\bar{U}_i$ 的模糊推理、解模糊化求设定补偿值 ΔF_{Tsp}组成。

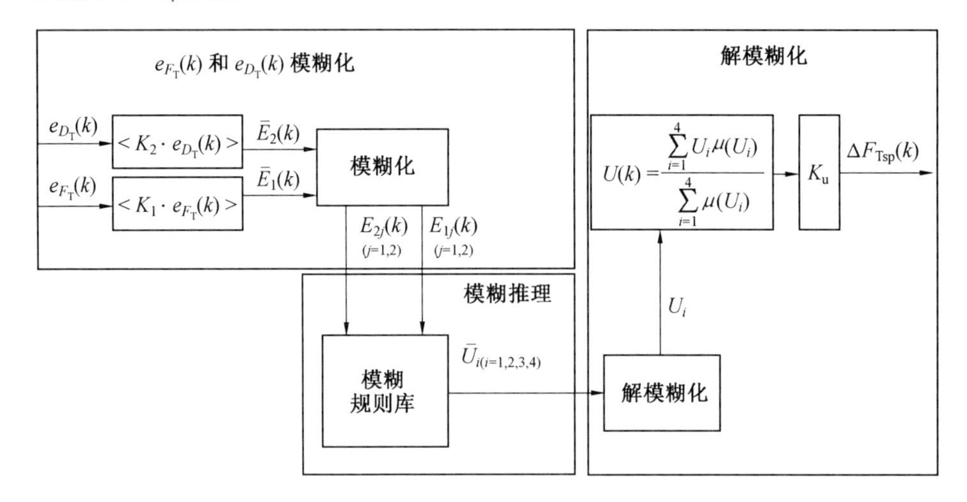

图 3.23 矿浆流量设定补偿算法结构

(1)e_{F_T} 和 e_{D_T} 模糊化。

确定矿浆流量偏差的上限 α 为$(F_{Tmax}-F_{Tmin})/2$ 和矿浆浓度偏差的上限 β 为$(D_{Tmax}-D_{Tmin})/2$,e_{F_T} 和 e_{D_T} 的量化因子分别为 K_1 和 K_2,$K_1=n/\alpha$,$K_2=n/\beta$,n 为模糊子集论域的上限 $n=6$,则 $\bar{E}_1(k)$和 $\bar{E}_2(k)$分别为

$$\bar{E}_1(k)=<K_1 \cdot e_{F_T}(k)> \tag{3.71}$$

$$\bar{E}_2(k)=<K_2 \cdot e_{D_T}(k)> \tag{3.72}$$

式中,$<\quad>$表示取整运算。

在 $\bar{E}_1(k)$和 $\bar{E}_2(k)$各自论域上建立 7 个模糊子集,分别为负大(NB)、负中(NM)、负小(NS)、零(ZE)、正小(PS)、正中(PM)、正大(PB)。选择 $\bar{E}_1$、$\bar{E}_2$ 的隶属函数为对称三角形隶属函数,如图 3.24 所示。

根据如图 3.24 所示的隶属度函数可知,任一输入最多隶属于两个模糊子集,表示为 E_{1j} 和 $E_{2j}(j=1,2)$,则模糊推理的输入两两组合为$\{(E_{11},E_{21}),(E_{11},E_{22}),(E_{12},E_{21}),(E_{12},E_{22})\}$。

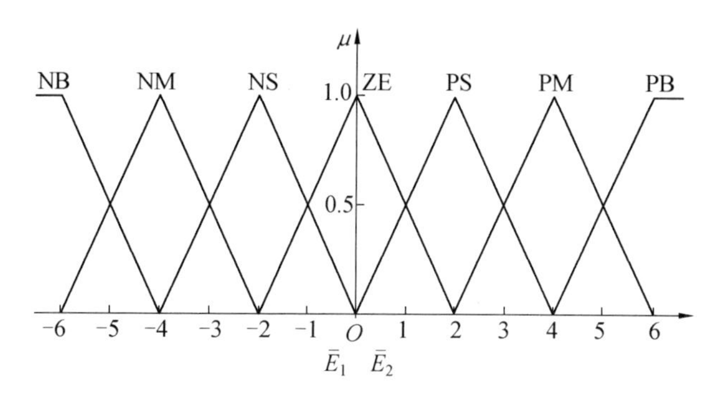

图 3.24 底流矿浆流量偏差 $\bar{E}_1$、底流矿浆浓度偏差 $\bar{E}_2$ 的隶属度函数

(2)模糊推理补偿量 $\bar{U}_i$。

模糊控制的核心建立一组合适的模糊推理规则,模糊规则是基于专家知识和优秀操作人员的长期积累的经验,并按照人的直觉推理的一种语言表现形式。采用"IF…THEN…"语句形式建立的每一条规则都表示一种因果关系,若给出一个假设的前提条件,则有相应的模糊结论产生。模糊规则库则是用来存放全部模糊控制规则,在推理时为"推理机"提供控制规则。

操作员根据矿浆浓度上限值 D_{Tmax} 和下限值 D_{Tmax},计算得出矿浆浓度参考值 $D_{\mathrm{Tref}}=(D_{\mathrm{Tmax}}+D_{\mathrm{Tmin}})/2$,然后根据参考值 $D_{\mathrm{Tref}}=(D_{\mathrm{Tmax}}+D_{\mathrm{Tmin}})/2$ 与矿浆浓度实时检测值 $D_{\mathrm{T}}(t)$ 的偏差 $e_D(t)$ 及当前矿浆流量实时检测值 $F_{\mathrm{T}}(t)$,凭经验给出矿浆流量的设定值,通过 PI 控制器调整底流矿浆泵转速 $u_4(t)$ 使得矿浆跟踪其设定值 F_{Tsp}。当浮选中矿随机干扰 $v(t)$ 造成底流矿浆浓度过高,超过工艺规定上限时 $D_{\mathrm{T}}(t)>D_{\mathrm{Tmax}}$,操作员切换到手动控制给出底流矿浆泵转速的最大值 $u(t)=u_{\max}$;当矿浆浓度过低越过其下限时 $D_{\mathrm{T}}<D_{\mathrm{Tmin}}$,操作员通过手动方式直接给出底流矿浆泵转速的最小值 $u(t)=u_{\min}$,使得矿浆浓度快速回到工艺规定的范围内。

根据针对现场操作人员只是基于矿浆浓度的静态信息对矿浆流量的调节过程存在的弊端,本书将矿浆浓度和矿浆流量的动态变化信息引入到控制规则中,将其控制策略用一组条件语句定性地描述出来。本书在结合人工操作经验并加以改进的基础上,得到如下操作规则:

R_1:if E_{1j} is PB and E_{2j} is PB then U is ZE

R_2:if E_{1j} is PM and E_{2j} is PB then U is NS

R_3:if E_{1j} is PS and E_{2j} is PB then U is NS

⋮

R_{49}：if E_{1j} is NB and E_{2j} is NB then U is ZE

采用文献[202]方法建立了矿浆流量设定补偿值 ΔF_{Tsp} 的模糊规则表，如表3.11所示。再利用模糊理论将其定量化，使控制规律的经验知识机器化。在表3.11中，每一个行列的交叉点就代表一条模糊控制规则，如第三行第一列的控制规则为“IF E_1=PS AND E_2=PB THEN U=NS”，转换为模糊语句为“如果前提条件为浓度偏差误差 E_1 为正小，并且流量误差 E_2 为正大，则模糊规则的结论 U 为零”，说明矿浆浓度当前处于低浓度状态，接近工艺规定的下限，并且矿浆流量也低于其参考值。因此对于此种情况，需要将矿浆流量的设定值调低，使得矿浆浓度远离工艺规定的下限。因此模糊规则的控制量 U 为 NS，符合现场操作人员的实际操作经验。

表 3.11　底流矿浆流量设定补偿量 U 模糊规则表

U		E_2						
		PB	PM	PS	ZE	NS	NM	NB
E_1	PB	ZE	PS	PS	PM	PM	PB	PB
	PM	NS	ZE	PS	PS	PM	PM	PB
	PS	NS	NS	ZE	ZE	PS	PM	PM
	ZE	NM	NS	NS	ZE	PS	PS	PM
	NS	NM	NM	NS	ZE	ZE	PS	PS
	NM	NB	NM	NM	NS	NS	ZE	PS
	NB	NB	NB	NM	NM	NS	NS	ZE

由底流矿浆流量偏差 $\bar{E}_1$、底流矿浆浓度偏差 $\bar{E}_2$ 的隶属度函数可知，任何 $(E_{1j}(k), E_{2j}(k))$ 所对应的模糊子集的最大个数为4，然后根据模糊规则表得到对应的4条模糊规则：

R_1：if E_{11} and E_{21} then $\bar{U}_1$

R_2：if E_{11} and E_{22} then $\bar{U}_2$

R_3：if E_{12} and E_{21} then $\bar{U}_3$

R_4：if E_{12} and E_{22} then $\bar{U}_4$

(3)解模糊化求补偿值 ΔF_{Tsp}。

选择补偿量 U_i 的隶属度函数为单值型隶属度函数，如图3.25所示。

由模糊推理得到补偿值对应的4个模糊子集，通过补偿量的隶属度函数确

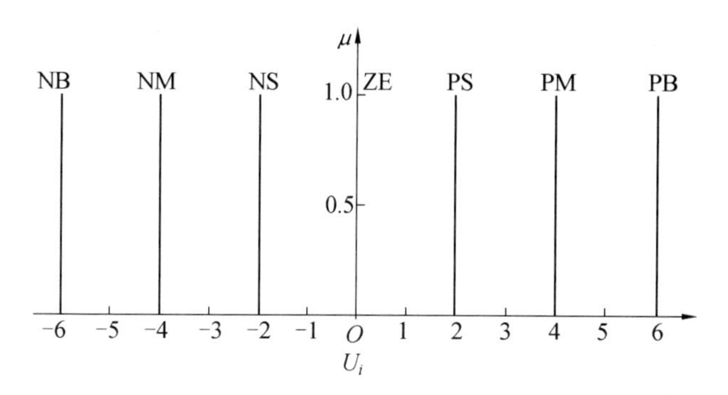

图 3.25 补偿量 U_i 的隶属度函数

定其精确解。

在模糊逻辑计算中,选择 AND 模糊算子,则 $\min(\mu_{NB}(\bar{E}_1),\mu_{PB}(\bar{E}_2))$即该条模糊结论部分的激活水平。如图 3.26 所示的模糊推理过程,控制量 U 的 ZE 隶属度函数则被设置为该激活水平 $\mu_{ZE}(U)$。

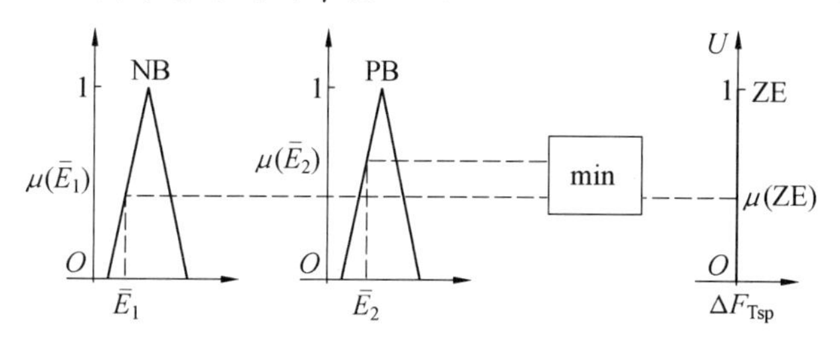

图 3.26 模糊推理过程

控制规则的模糊关系由 $R_i=(\bar{E}_{1i}\times\bar{E}_{2i})\times U_i$ 算出,再根据 $R=R_1\vee R_2\vee R_3\vee\cdots\vee R_{49}$ 和输入 $\bar{E}_1$、$\bar{E}_2$,反求得模糊控制器的控制量 $U=(\bar{E}_1\times\bar{E}_2)\times R$,然后采用重心法解模糊化得到模糊控制的清晰解。

补偿量 U_i 的清晰解:

$$U(k)=<\frac{\sum_{i=1}^{4}U_i\mu(U_i)}{\sum_{i=1}^{4}\mu(U_i)}> \tag{3.73}$$

流量设定补偿量 $\Delta F_{Tsp}(k)$为

$$\Delta F_{Tsp}(k)=U(k)\times K_u \tag{3.74}$$

为了使流量变化率的波动满足控制目标(2.6),取 $K_u=\delta/U_{max}$,$U_{max}=\mathrm{Max}(|U_i|)(i=1,2,3,4)$,由式 3.43 知,$|U(k)|\leqslant U_{max}$,则 $|\Delta F_{Tsp}(k)|\leqslant\delta$。

3. 流量设定保持器

定义底流矿浆浓度的偏差及偏差变化率 $\Delta e_{D_T}(k)=[e_{D_T}(k)-e_{D_T}(k-1)]/T$（$T$ 为采样周期），如果判断矿浆浓度在参考值附近（$|e_{D_T}(k)|\leqslant\varepsilon$，$\varepsilon$ 根据生产工艺确定）或有回到参考值的变化趋势时（$e_{D_T}(k)\cdot\Delta e_{D_T}(k)<0$），则 $\Delta F_{Tsp}(k)=0$，$F_{Tsp}(k)=F_{Tsp}(k-1)$，保持流量的设定值不变。

4. 规则推理切换机制

根据混合选别浓密过程的工艺特点，采用基于“IF <前提> THEN <结论>”的规则，建立混合选别浓密过程的工况识别方法。前提条件中的变量为 $e_{D_T}(k)$ 和 $\Delta e_{D_T}(k)$，前提条件中的变量及其限定值由表 3.12 给出。

表 3.12　切换机制变量及其限定值

变量	区间限定值	
	下限	上限
$e_{D_T}(k)$	$-(D_{Tmax}-D_{Tmin})/2$	$-\varepsilon$
	$-\varepsilon$	ε
	ε	$(D_{Tmax}-D_{Tmin})/2$
$\Delta e_{D_T}(k)$	—	0
	0	—

表中 ε 为矿浆浓度在参考值附近的限值，由实验确定；$(D_{Tmax}-D_{Tmin})/2$ 为矿浆浓度偏差的上限。

当矿浆浓度偏差 $|e_{D_T}(k)|>\varepsilon$ 且 $e_{D_T}(k)\cdot\Delta e_{D_T}(k)>0$，切换到矿浆流量设定补偿，由补偿器给出矿浆流量设定的补偿值 $\Delta F_{Tsp}(k)$；当矿浆浓度偏差 $|e_{D_T}(k)|\leqslant\varepsilon$，或者 $|e_{D_T}(k)|>\varepsilon$ 且 $e_{D_T}(k)\cdot\Delta e_{D_T}(k)\leqslant 0$ 时，切换到矿浆流量设定保持，即 $\Delta F_{Tsp}(k)=0$，$F_{Tsp}(k)=F_{Tsp}(k-1)$。

切换机制的专家规则库如表 3.13 所示。

表 3.13　切换机制的专家规则库

规则	前提	结论
Rule1	$\lvert e_{D_T}(k)\rvert\leqslant\varepsilon$	$\Delta F_{Tsp}(k)=0$
Rule2	$e_{D_T}(k)\cdot\Delta e_{D_T}(k)\leqslant 0$	$\Delta F_{Tsp}(k)=0$
Rule3	$\varepsilon<\lvert e_{D_T}(k)\rvert<(D_{Tmax}-D_{Tmin})/2$ and $e_{D_T}(k)\cdot\Delta e_{D_T}(k)>0$	$\Delta F_{Tsp}(k)=f(e_{F_T}(k),e_{D_T}(k))$

3.4.2 流量 PI 控制算法

根据浓密过程底流矿浆浓度和矿浆流量区间切换控制得到的矿浆流量设定值 F_{Tsp}，采用 PI 控制算法，通过调节底流矿浆泵转速 u_4 实现矿浆流量 $F_T(t)$ 跟踪其设定值，减少矿浆流量的频繁波动。在底流矿浆流量 $F_T(t)$ 的工作点附近，建立矿浆流量 $F_T(t)$ 与底流矿浆泵转速 u_4 的一阶惯性加纯滞后（FOPDT）近似模型：

$$G_P(s)=\frac{K_5}{T_5 s+1}e^{-\tau_5 s} \tag{3.75}$$

由于在工作点附近主要为线性特征，采用 PI 控制算法即可实现满意的控制。本书采用 Z－N 法设计给矿压力 PI 控制器，其中比例系数为 $K_p=0.9T_5/K_5\tau_5$，积分时间 $T_i=3\tau_5$，利用控制器的误差积分环节可以实现矿浆流量 $F_T(t)$ 跟踪其设定值 F_{Tsp}。

3.4.3 仿真对比实验

为了验证本书提出的混合选别浓密机底流矿浆浓度和流量区间智能切换控制方法的有效性，进行了所设计控制器的控制性能对比仿真实验。

对于如式(2.32)、(2.33)所描述的混合选别浓密机生产过程，设 $A=490$，$h=6$，$v_p=14.75$，$p=0.5$，$F_T(0)=370$，$F_{Tmax}=420$，$F_{Tmin}=340$，$D_T(0)=32.5$，$\dot{D}_T(0)=0$，$D_{Tmax}=35\%$，$D_{Tmin}=31\%$，$\varphi_i=19.96\%$；浓密机的来料矿浆中，磁选精矿矿浆流量稳定为 320 m^3/h；浮选中矿矿浆流量初始值为 300 m^3/h，如图 3.27所示，分别在 3 min 20 s、10 min、16 min 40 s、23 min 20 s 对浮选中矿加入 －80 m^3/h、80 m^3/h、－10 m^3/h、10 m^3/h 的阶跃扰动且持续时间为 3 min；控制目标为 $340\leqslant y_1(k)\leqslant 420$，$|y_1(k)-y_1(k-1)|<20$，$31\leqslant y_2(k)\leqslant 35$，并且满足 $550\leqslant u(k)\leqslant 980$。图 3.28 为采用文献[3]矿浆浓度定值闭环控制方法仿真效果，图 3.29 为采用本书提出的底流矿浆浓度和流量区间智能切换控制仿真效果。

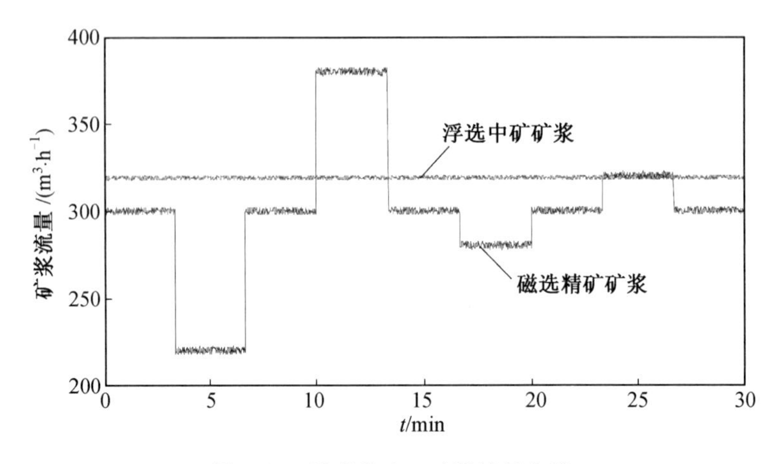

图 3.27 浓密机入口矿浆流量曲线

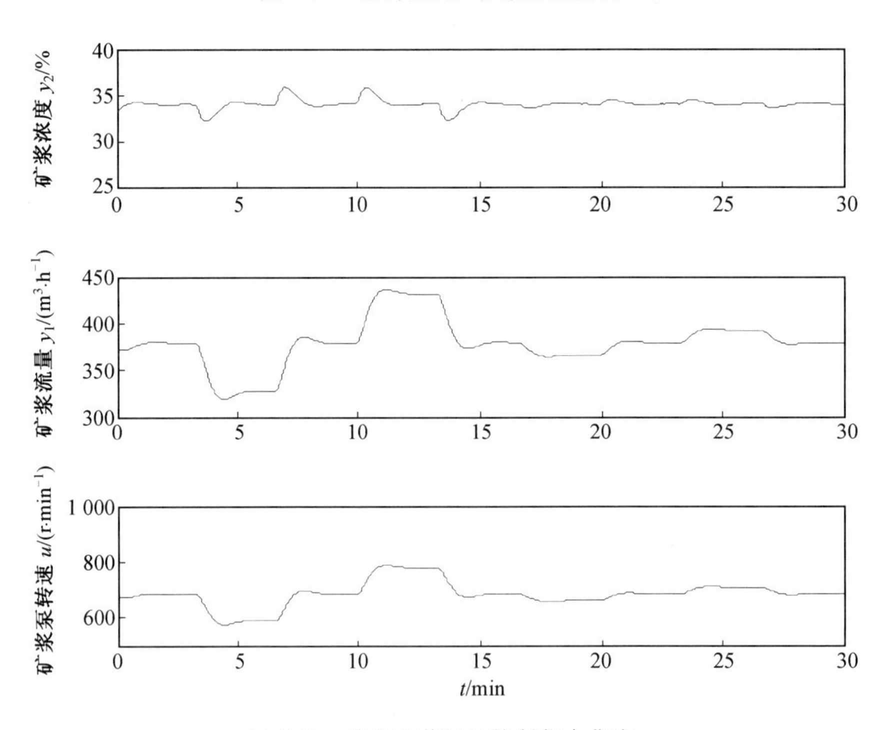

图 3.28 常规定值闭环控制仿真曲线

从图 3.28 中可以看出，采用文献[3]矿浆浓度闭环控制方法实现底流矿浆浓度 y_2 的定值控制，浮选过程返回的中矿矿浆的波动造成矿浆泵转速频繁波动，从而造成底流流量 y_1 在[327,435]之间大范围波动，严重超出矿浆流量目标

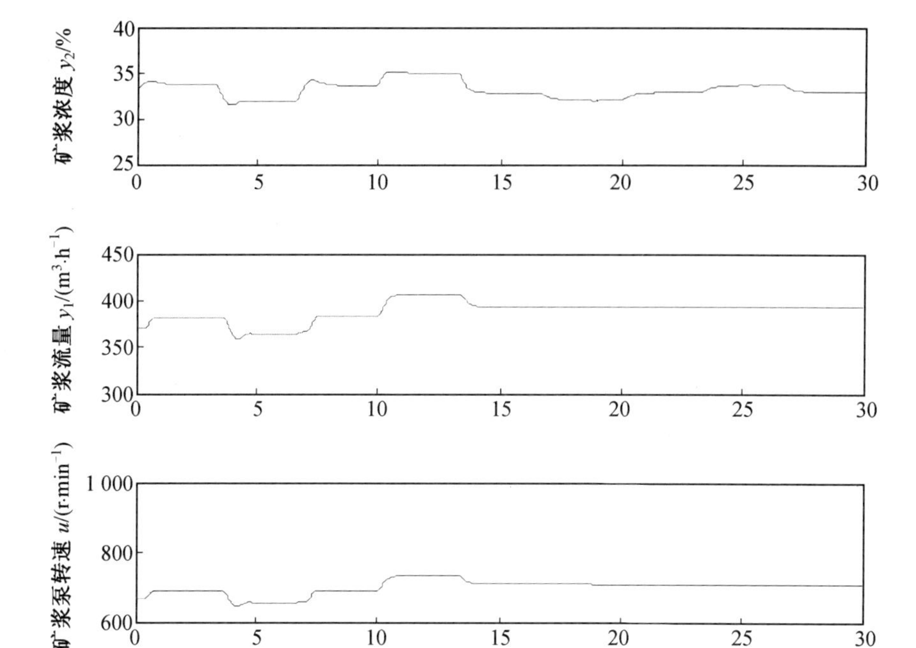

图 3.29 智能切换控制仿真曲线

值范围的上下限，且矿浆流量 y_1 的最大波动值为 49 m³/h，超过了控制目标允许的最大值 20 m³/h。从图 3.29 中可以看出，矿浆浓度和流量的变化区间分别为[32.0,34.5]和[357,406]，均控制在目标值范围内，同时底流矿浆流量最大变化率为 16 m³/h，小于控制目标允许的最大值 20 m³/h。仿真结果表明，该控制方法能够将底流矿浆浓度 y_2 和底流矿浆流量 y_1 控制在其目标值允许的范围内的同时，使得底流矿浆流量 y_1 的设定值的波动控制在目标值范围内。因此，对于受到大的频繁干扰影响的混合选别浓密机，本书提出的方法优于文献[3]矿浆浓度定值闭环控制方法，满足混合选别浓密机生产过程的控制目标(2.4)、(2.5)、(2.6)。

3.5 本章小结

本章提出了由浮选矿浆液位设定层和浮选机矿浆液位控制层两层结构组成的赤铁矿混合全流程智能运行控制方法。浮选机矿浆液位设定层将设定和补偿技术相结合，综合使用多模型技术、规则推理技术和软测量技术，提出了浮选机矿浆液位智能设定方法。该方法由基于案例推理的预设定模型、基于PCA－ELM的精矿品位和尾矿品位软测量模型以及基于规则推理的前馈补偿模型和基于规则推理的反馈补偿模型组成。详细介绍了智能设定层的结构、功能、算法及参数选择。过程控制层将自适应和解耦控制相结合，采用自适应解耦控制方法。该方法由切换机制、线性控制器与非线性控制器组成，并详细介绍了自适应解耦控制器的结构、功能、算法及参数选择过程。此外针对具有强非线性、难以建立数学模型，且受大而频繁随机干扰影响的浓密过程，提出了底流矿浆浓度和流量区间串级智能切换控制方法，由基于静态模型的矿浆流量预设定、矿浆流量设定补偿器、矿浆流量设定保持器和切换机制组成，详细介绍了各部分的结构、功能和算法。

第4章　混合选别全流程智能控制系统研发

近年来，工业企业自动化水平随着生产工艺、设备和先进控制技术的不断发展而提高：从初期的手工操作、简单回路的闭环控制到单元装置的全面自动化；从气动单元组合仪表、电动单元组合仪表等到分散控制系统(DCS)的广泛使用；从单参数简单控制回路到多变量复杂控制回路。但是工业生产规模的进一步扩大，以及竞争激烈的市场环境，对过程控制系统提出了更高的要求。《欧洲钢铁工业的技术发展指南(1999年)》指出：对于降低生产成本、提高产品质量、减少环境污染和资源消耗只能通过全流程自动控制系统的优化设计来实现。我国大部分选矿厂混合选别过程仍停留在操作员凭经验进行生产操作的阶段，人工手动操作存在主观性和随意性，难以及时准确地调整操作变量和执行机构，常常会造成生产指标的波动，甚至会造成生产事故，严重影响选矿厂的竞争力，制约了企业的发展。采用先进的控制结构和控制策略替代现有的生产操作方式是企业实现经济效益的关键，并在此基础上建立计算机控制系统，实现选矿企业的安全、稳定、高效运行。文献[131]提出了由过程控制、过程优化、生产调度、企业管理和经济决策五层结构组成的综合自动化系统。文献[161]提出了由过程稳定化、过程优化、过程管理三层结构组成的选矿生产过程自动化系统。文献[174]提出了由企业资源计划(ERP)/制造执行系统(MES)/过程控制系统(PCS)三层结构组成的金矿企业综合自动化系统。并成功应用于中国排山楼金矿。上述综合自动化系统的成功应用，不仅提高了生产过程的控制精度，降低了能源消耗，而且使产品质量和产量得到了大幅提高，取得了显著的应用效果。

目前智能控制技术已经得到广泛研究，并成功应用于石油、化工、钢铁、选矿、冶金、污水处理等工业过程控制。文献[205-209]表明采用智能控制技术明显地改进产品质量、提高产品生产能力、节约能源和生产消耗，有利于企业降低生产成本，提高经济效益和生产效率，保持企业竞争力。如在石化行业，线性模型预测控制技术得到迅速的推广应用，已经成为最重要的方法之一。对于矿业和金属行业经典控制方法难以解决存在的应用问题，在20世纪90年代以后，以AI控制为代表的控制技术占有很大的应用比例，包括模糊控制、神经网络、专家规则方法等。

为实现上述智能控制方法的工业应用，相关的智能控制软件及智能控制系统的开发越来越得到重视，如 Aspen Technology 公司研发了多变量预测控制的 DMCplus 商品化工程软件包，在全世界范围内的石化企业应用超过上千套，为企业创造了显著的经济效益。文献[213]列举了该产品在欧洲日产能 500 t 大型 FCCU（催化裂化）的成功应用，并提高了 2%的生产能力；在 ASU（气体分离）化工过程的应用，氧回收率提高了 1%，取得了巨大的经济效益。文献[218]采用 OCS ©智能控制系统，该系统集成了基于模糊规则的专家系统、软测量在线分析模型，并成功应用于南非北部的 Mpopeng 金矿和 Kopanang 金矿，提高了黄金产量和黄金回收率。

赤铁矿混合选别全流程程智能控制系统设计的目标是给出精矿品位和尾矿品位目标值，通过浮选机矿浆液位的设定与控制，生产边界条件浓密过程底流矿浆流量和浓度的区间控制，以及再磨过程旋流器给矿泵池液位和旋流器给矿浓度的控制，在保证生产安全稳定的情况下，将精矿品位和尾矿品位控制在工艺规定的范围内，同时将浓密过程底流矿浆浓度和流量控制在工艺规定的范围内，浮选机矿浆液位跟踪其设定值，确保混合选别全流程的产品质量。所设计的系统硬件配置包括 PLC、设定与监控计算机、执行机构和检测仪表以及相关的网络；所设计和开发的混合选别全流程智能控制软件实现了本书提出的由浮选机矿浆液位设定控制和跟踪控制两层结构组成的智能运行控制方法、边界条件浓密过程底流矿浆浓度和矿浆流量切换控制方法，以及混合选别全流程工艺过程要求的设备启动、停止控制，其他工艺参数的检测、监视与控制，设备保护、安全联锁、状态监视及故障诊断等功能。

4.1 智能控制系统结构和功能

如第 2 章所述，赤铁矿混合选别全流程的控制现状基本是由操作员根据经验进行人工操作。为了满足工艺要求和实现控制目标，需要工艺工程师和操作员对混合选别全流程中的各种信息进行判断和决策后，由工艺工程师确定出浮选机矿浆液位设定值和边界条件如矿浆流量和矿浆浓度的上下限值，然后操作员根据工艺工程师给出的信息需要对浮选机矿浆液位和浓密过程底流矿浆浓度和流量进行手动调整，给出再磨过程旋流器给矿泵池液位和旋流器给矿浓度的回路设定值，同时各种电机等设备都是在现场操作箱中进行启停控制。由于混合选别全流程具有综合复杂特性，同时操作员具有思想主观性、系统设备具有局限性等，因此人工操作的生产方式导致生产效率低，生产成本高，能源消耗大，混合选别全流程的精矿品位和尾矿品位不稳定,工人的工作环境差,劳动强度大。

结合赤铁矿选矿厂混合选别全流程的生产实际,为实现系统安全运行,保证工艺指标和工艺参数控制在目标值范围内,提出了由过程控制层和智能设定两层体系结构组成的赤铁矿混合选别全流程整体控制策略,设计并开发了赤铁矿混合选别全流程智能控制系统。

采用第3章所提出的赤铁矿混合选别全流程智能控制方法,研究并开发了结构如图4.1所示的混合选别全流程智能控制系统。该系统由硬件平台、软件平台及所设计和开发的智能控制软件组成。硬件平台由设定与监控计算机、PLC控制系统、检测仪表及执行机构组成。软件平台由上位机监控组态软件、底层控制程序编制软件和网络组态软件组成。硬件平台和软件平台为智能控制系统软件的开发提供支撑平台。智能控制软件由过程控制软件、过程监控软件、智能运行控制软件和区间串级智能切换控制软件组成。将赤铁矿混合选别全流程硬件平台、软件平台和智能控制软件结合,实现赤铁矿混合选别全流程性能指标控制、浮选机矿浆液位控制、矿浆浓度及流量区间切换控制、生产设备顺序控制等过程监控功能,从而实现混合选别全流程在保证系统安全、稳定运行的条件下,将精矿品位和尾矿品位控制在工艺规定的范围内,并尽可能使得精矿品位接近范围上限,尾矿品位远离工艺规定上限。

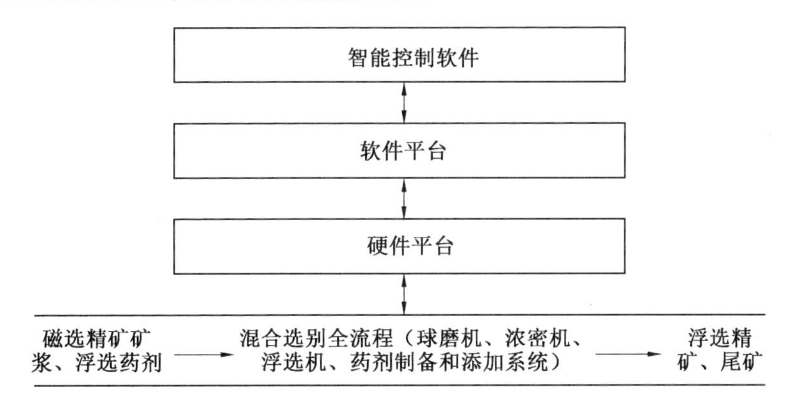

图4.1 混合选别全流程智能控制系统结构

4.2 硬件平台

混合选别全流程智能控制系统的硬件平台应充分考虑智能控制系统必要的硬件支持,在设计时综合考虑系统的稳定性、可靠性、实时性、先进性等方面的要求，同时遵循开放性、可扩展性和易维护性等原则。

本书针对赤铁矿混合选别全流程的生产工艺及选矿设备的特点，综合比较当前主要工业控制系统，并考虑系统功能实现、可靠性、高性价比等系统功能设计各方面要求，设计和开发了如图4.2所示的系统硬件平台。该系统实现了计算机系统、仪表、电气的集成，主要由监控计算机、网络通信设备、PLC控制系统、检测仪表及执行机构组成。

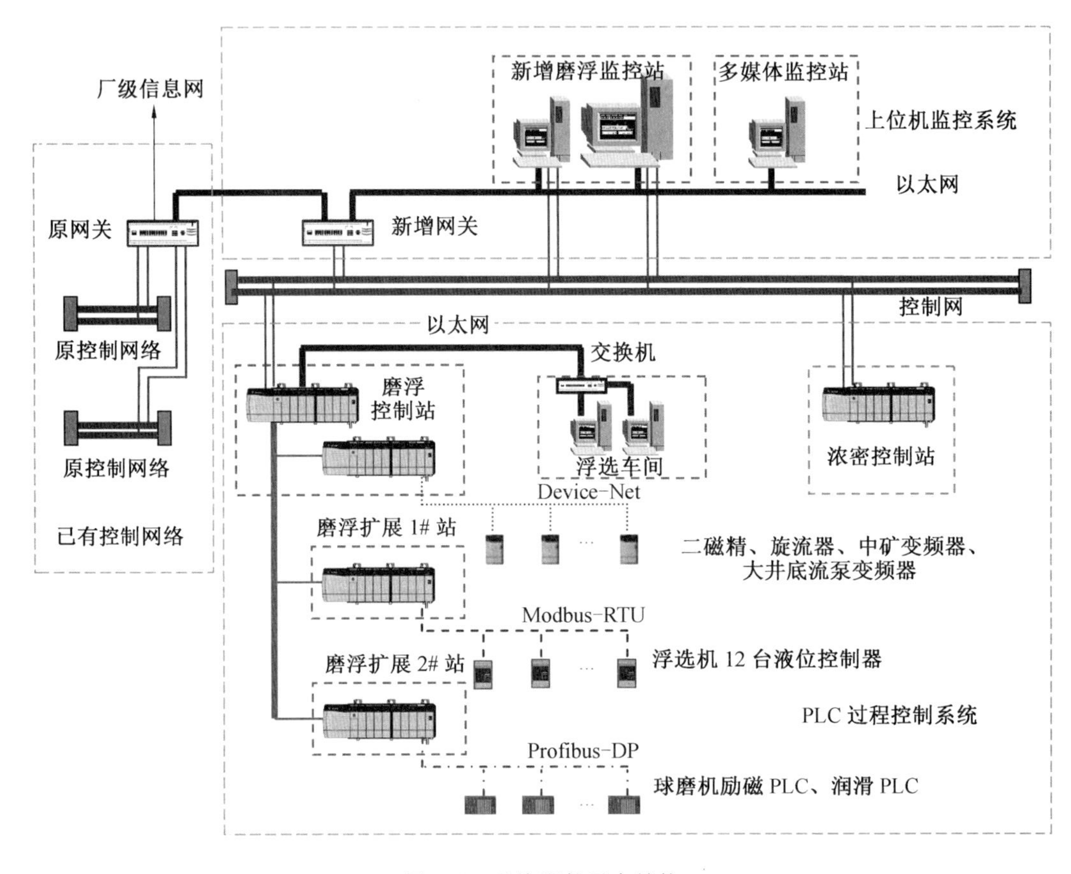

图4.2 系统硬件平台结构

4.2.1 PLC控制系统

PLC控制系统包括中央处理器(CPU)、模拟量输入输出控制模块、数字量输入输出模块、系统电源模块和通信模块组成，同时可根据系统要求决定是否配置扩展模块。

PLC控制器实现系统回路控制、顺序控制、数据采集和系统通信等功能，因此需要足够大的处理程序容量和足够快的处理速度。PLC控制器用于存储和运行过程控制程序，一般包括运算模块、存储模块（卡）和电源模块。控制器采用标准处理器实现运算功能。采用存储模块（卡）存储并备份用户程序和数据，同时还提供程序的比较、数据文件的保护、存储器模块的写入保护等功能。电源模块为PLC控制器提供电源，并在系统掉电时，作为备用电源，维持一定时间的供电，防止程序丢失。本书选择AB公司ControlLogix系列的1756－L55作为控制器CPU，该控制器具有大、中规模可选的程序容量，对二进制和浮点数有较高的处理性能。

模拟量输入模块选择具有16点通道的1756－IF16模块，模拟量输出模块采用8点通道的1756－OF8模块，数字量输入模块采用220 V具有16点通道的1756－IM16I模块，数字量输出模块采用32点通道的1756－OB32模块。I/O模板每个通道相互独立，所有现场信号与I/O模板相连必须通过继电器或者隔离器进行信号隔离。其中模拟量模板全部采用4～20 mA标准工业信号，如果现场信号不满足要求，通过变送器转换为上述标准信号。

以太网通信模块选择支持100M通信速率的1756－ENBT模块，主干控制网通信模块选择支持双网冗余功能的1756－CNBR模块，主控制站与扩展控制站之间的控制网采用单网通信的1756－CNB模块，与变频器通信的设备网通信模块选择1756－DNB模块。通信模块为PLC控制系统与监控计算机或者工业总线网络提供通信，可通过通信电缆将所采用的以太网模块和总线网络或者监控计算机连接。一般的PLC控制系统还提供用于程序写入和更新的通信接口，可通过通信电缆转换为USB接口直接与工程师站相连。

根据每个控制站内的实际情况，选择具有不同槽数的机架。各模块安装在标准机架上，背板总线集成在各模块上，通过将总线连接器插在模块的背后，使背板总线联成一体，并且还可以通过扩展模块扩展机架，增加可以使用的系统模块，从而增强系统的控制能力，使控制系统的设计更加灵活。

系统电源模块为PLC控制系统提高供电的可靠性和安全性。一般采用冗余的不间断电源（UPS）的电源供应措施，在电网停电时可短时保持供电能力。

4.2.2 监控计算机

设定与监控计算机的配置主要为了实现系统的监控功能和智能设定功能。为满足工业生产过程和环境的要求，选择DELL原装的操作员站计算机。该计算机装有PCIC卡，实现与PLC控制系统通信。系统也可以根据需要配置工程师站计算机，为工程师进行各种组态工作使用。为保证监控计算机故障时实现系统的基本操作功能，系统还配置了触摸屏，采用触摸式面板，彩色中文显示。

4.2.3 检测仪表及执行机构

检测仪表与执行机构是浮选过程控制系统的重要组成部分。混合选别全流程主要检测流量、浓度、液位、温度、压力等工艺参数，主要包括再磨工序旋流器给矿泵池液位、旋流器给矿浓度、浓密过程底流矿浆浓度、底流矿浆流量、浮选机矿浆液位，浮选机内矿浆温度、浮选矿浆 pH 值以及浮选机充气压力等，此外还对药剂制备和添加等辅助生产工序的温度、流量和液位等工艺参数进行检测。下面将分别对一些主要工艺参数的检测仪表和执行机构予以说明。

(1)温度测量仪表。

温度检测目前比较普遍的仪表包括热电阻和热电偶两类。浮选过程的温度检测包括浮选机矿浆温度和制备药剂温度。浮选矿浆温度和制备药剂温度一般都在 0～150 ℃范围内，根据测量对象的特点，在设计中选用合适的 Pt100 铂热电阻作为温度测量装置。浮选药剂制备环节和浮选机内的矿浆含有强酸强碱如浓硫酸、盐酸和氢氧化钠等化学物质，在热电阻的不锈钢外层涂抹 F4 防腐层。

(2)压力测量仪表。

根据选矿厂的环境和所测量的介质特性，在压力检测仪表选用上分别采用隔膜式和非隔膜式两种变送器。凡是测量矿浆等介质的压力，均采用隔膜式的压力变送器进行检测，防止泥沙进入仪表体内造成仪表无法运行。对于清洁介质如润滑油、压力检测，选非隔膜式压力变送器进行检测。

(3)液位测量仪表。

液位测量对于生产过程监控具有重要意义，如浮选机液位低于低限，会导致浮选机的刮板无法刮泡，不能去除矿浆中的杂质，降低浮选过程的精矿品位，需要向操作员报警；浮选机液位超过高限时，会导致有用金属流失，降低浮选过程的金属回收率。目前雷达液位计是一种高可靠质量的非接触式的测量仪表，采用声波测得介质与探头之间的距离来检测液位，该检测装置已经在各种工业现场得到了广泛的应用。

(4)浓度检测装置。

随着工业自动化的不断提高，非接触检测的应用更为普遍。利用原子能技术对那些难以在线测量的工艺参数进行非接触的检测，具有其他测量方式不可取代的优点。浓度计测量管道内介质浓度并将浓度信号转换成模拟信号传送到 PLC 控制系统中去，其工作原理是利用 γ 射线穿过被测介质时其强度按指数关系衰减进行检测，一般由源罐、探测器、变送器、安装附件及配套电缆等组成。它能在不接触被测介质的情况下，进行在线测量，测量精度高，范围大，安全可靠，性能好等特点。依据浓度检测的特点，使用美国 TN 公司 MARK Ⅱ(Multiprocessor—based Process Transmitter)浓度计作为检测仪表。

(5)流量检测装置。

浮选过程主要对磁选精矿矿浆进行选别，其矿浆品位一般都在 50%以上，因此对矿浆流量检测提出了较高的要求。根据矿浆流量检测的特征、工艺介质特性及技术参数，选用德国西门子公司 TRANSMAG 2 系列全金属外壳交流励磁电磁流量计。该流量计采用脉冲交流磁场系统，可用于传统直流磁场技术不能测量的应用中，如高精度纸浆原料、黏稠矿物泥浆和带有磁性成分的矿物泥浆，与直流励磁相比，交流励磁技术在传感器中产生更强的磁场，因此可以获得更高的可靠性和更高的准确性。其主要技术指标如下：最大测量误差 0.5%读数；两行字母数字 LCD，带背光；1 路电流，1 路数字，1 路继电器(或 1 路数字输入)输出。

(6)执行机构。

混合选别全流程的执行机构主要包括用来调节浓密过程底流矿浆浓度和矿浆流量、调节浮选机出口的阀门开度和浮选机充气风量的阀门开度。底流矿浆浓度和流量调节采用变频控制，通过改变变频器频率调节底流矿浆泵转速，实现矿浆浓度和流量的区间控制。阀门开度控制通常采用电动调节阀，由电动执行结构和调节阀组成，在控制信号下，执行机构动作改变阀门的角度，控制管道通量的截面面积来调节通过介质的流量。采用电动调节阀结构简单、可靠性好，并且调整精度完全可以满足浮选过程控制的要求，在具体选择调节阀门时需要注意混合选别全流程生产过程的特殊要求。

4.3 软件平台

混合选别全流程智能控制系统软件平台以控制系统组态软件为平台，为混合选别全流程技术指标设定软件和过程监控软件的设计和开发提供软件平台支持。本书所开发的浮选过程智能控制系统硬件平台选择美国 Rockwell 公司的 ControlLogix 系列的 PLC 控制系统，整个控制系统所使用的软件平台均为美国 Rockwell 公司的配套产品：RSLogix5000、RSLink、RSNetWorx、RSView32 等。监控计算机配有 RSLogix5000、RSLink、RSNetWorx、RSView32 应用软件，使用 Microsoft Windows 2000 操作环境，监控软件由 RSLogix5000 和 RSView 两部分组成，其中 RSLogix5000 为 PLC 软件开发环境，RSView32 为监控画面及优化设定算法软件开发环境。RSView32 是基于 Windows 的软件程序，用于创建和运行数据采集、监视及控制的应用程序，RSView32 是为 Microsoft Windows 2000、Windows NT 及 Windows 9x、Windows XP 环境下使用而设计的。使用 RSView32 可以建立所有人机界面的外观，包括实时动画图形显示、趋势及报警汇总。RSView32 很容易与 Rockwell software、Microsoft 及其他第三者产品相结合，从而最大限度地发挥 ActiveX、VBA、OLE、ODBC、OPC 及 DDE 技术的功能。基于 RSView32 的 VBA 软件类似于 VB，可以编制复杂的计算处理程序。RSLink、RSNetWorx 为网络组态软件，其中 RSNetWorx 可对控制网(ControlNet)和设备网(DeviceNet)进行组态。

控制系统软件平台功能如下。

(1)控制组态功能。

实现混合选别全流程的各种控制策略，包括现场生产数据的采集、处理和存储功能，单体设备启停控制、逻辑控制和顺序控制及回路控制等。控制组态由 RSLogix5000 软件实现，提供梯形图语言编程工具，具有创建和删除可执行代码(梯形图、功能块)、在线监视数据变化、组态控制器间的通信、组态 I/O 模块等功能，完成程序上传与下载、数据 I/O 状态监控、设备故障诊断与修复等功能。通过对控制软件的组态可以实现包括 I/O 数据采集、数据滤波、设备启停控制、逻辑连锁控制、顺序控制、回路控制、无扰切换控制、报警设置、系统时钟同步和网络通信等功能。

(2)监控功能。

生产过程设备监视和控制功能由 RSView32 上位机组态软件实现，提供适用于工业过程的图形创建和显示功能。提供图形编辑器创建工业过程画面，提供了自动生成的动态支持，可以通过动作编辑将动态添加并连接到对象单个图形对象上。RSView32 上位机组态软件完成以下两部分功能：①对生产过程的监控，包括设备运行状态、工艺参数显示、历史趋势查询、故障报警显示、控制方式转换、操作设备启停、控制参数设置、生产报表打印等功能；②对系统管理，包括系统安全管理、用户管理、权限设置、系统导航、操作指导、系统通信等功能。

(3)管理功能。

实现过程数据、报警、时间的归档、查询等生产管理功能以及用户分配、操作权限设置等系统管理功能。提供记录过程报警、操作事件、过程数据的记录和监视的模板；数据趋势、报警控制等控件。

(4)系统通信功能。

实现 PLC 系统与监控计算机通信功能以及监控软件和智能运行设定软件等其他应用软件的 OPC 数据通信功能。控制网与设备网分别通过 RSLink 和 RSNetWorx 通信软件进行组态,在组态的过程中可以规划以太网、控制网、设备网、OPC 通信节点、第三方通信节点、设定网络更新时间等。

(5)与第三方应用软件集成功能。

监控组态软件基于 Windows 操作系统,容易与 Rockwell Software、Microsoft 及其他第三方软件相结合,从而最大限度地发挥 VBA、OLE、ODBC、OPC 和 DDE 技术的功能,方便灵活地实现多任务操作。可以建立与不同 PLC(包括第三方的 PLC)通信连接,扩展监视功能。监控软件可以通过 OLE2.0、ODBC 和 ActiveX 控件的对象和文档的链接,无须再使用其他的图形数据库接口功能或数据库存取功能的软件,同时可以与第三方应用软件,如 EXCEL、WORD、ACCESS 等应用软件相集成,不需要进行文件的输入/输出操作,以及其他的屏幕和应用的启动操作。

基于 RSView32 的 VBA 软件可以编制复杂的计算处理程序,可以按用户的要求编制监控程序及友好的操作界面,赤铁矿混合选别全流程智能运行设定控制软件、混合选别浓密过程底流矿浆浓度和流量区间智能切换控制软件均在 VBA 开发环境下完成软件的编制。RSLink、RSNetWorx 为网络组态软件,其中 RSNetWorx 可对控制网(ControlNet)和设备网(DeviceNet)进行组态和规划。

4.4 混合选别全流程智能控制系统软件的设计与开发

4.4.1 智能控制软件的结构和功能

混合选别全流程智能控制软件主要由智能运行控制软件、浓密过程底流矿浆浓度和流量区间控制软件、过程控制软件及过程监控软件组成,其中智能运行控制软件包括上层浮选机矿浆液位设定软件和下层浮选机矿浆液位控制软件。控制系统软件结构如图 4.3 所示。

智能运行控制软件由浮选机矿浆液位设定软件和控制软件组成,矿浆液位设定软件根据混合选别过程的精矿品位和尾矿品位目标值、生产边界条件预设定浮选机矿浆液位设定值,采用反馈补偿模型和前馈补偿模型,分别根据精矿品

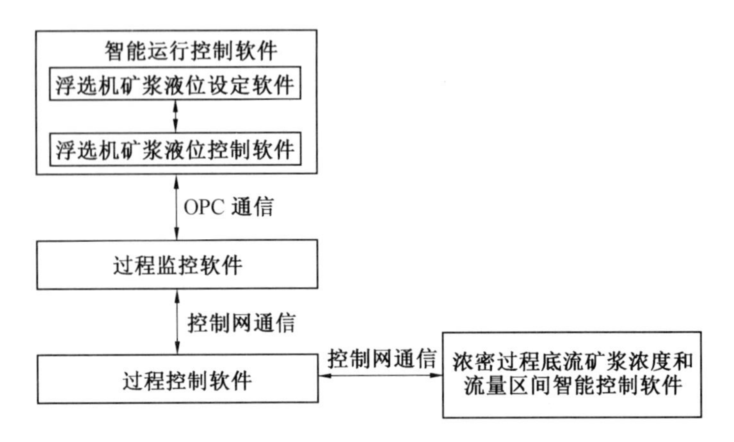

图 4.3　混合选别全流程智能控制软件结构图

位和尾矿品位化验值与目标值的偏差,以及精矿品位和尾矿品位软测量值与目标值的偏差调整矿浆液位设定值,减小因边界条件变化对精矿品位和尾矿品位的影响;浓密过程底流矿浆浓度和流量区间智能切换控制软件通过识别底流矿浆浓度在工艺规定范围内所处的不同区间及变化趋势,选择矿浆流量设定保持器和模糊补偿器,将底流矿浆浓度和矿浆流量同时控制在工艺规定的范围内;过程控制软件实现混合选别全流程的基本回路控制、顺序控制、逻辑控制以及数据采集等过程基础控制功能;过程监控软件根据混合选别过程的工艺流程和控制要求,设计和开发相应的过程监控画面,实现操作员对过程的监视和控制。下面将分别介绍各部分软件的设计和开发。

4.4.2　智能运行控制软件的开发

智能运行控制软件主要由上层浮选机矿浆液位设定软件和底层浮选机矿浆液位控制软件组成。

1. 智能运行控制软件功能设计

赤铁矿混合选别过程智能设定软件采用 RSView32 内嵌的 VBA 脚本进行设计和开发,通过 OPC 通信协议实现与过程监控软件的数据通信,并利用 VBA 脚本语言强大的编程能力和高级算法实现能力,实现了本书所提出的混合选别过程智能运行控制算法,主要功能如下。

(1)根据录入的精矿品位和尾矿品位指标的目标值 β^*、δ^*、边界条件 Ω(矿石可选性 S_B、浮选给矿粒度 d、浮选给矿品位 α、浓密过程底流浓度 D_T、浓密过程底流流量 F_T),上一次基础控制回路的设定值(粗选浮选机矿浆液位 $h_{1sp}(t-1)$、精选浮选机矿浆液位 $h_{2sp}(t-1)$和扫选浮选机矿浆液位 $h_{3sp}(t-1)$),调用智能预设定模块，给出当前工况条件下满足精矿品位和尾矿品位指标要求的各个基础控制回路的预设定值$[\tilde{h}_{1sp},\tilde{h}_{2sp},\tilde{h}_{3sp}]^T$。

(2)根据混合选别浓密过程底流矿浆浓度D_T、底流矿浆流量F_T、混合选别浮选过程给矿粒度d、给矿品位α，粗选浮选机矿浆液位h_1、精选浮选机矿浆液位h_2和扫选浮选机矿浆液位h_3等过程统计数据，调用精矿品位和尾矿品位指标软测量模型，给出当前工况下的精矿品位和尾矿品位指标软测量值β_{Soft}和δ_{Soft}。

(3)根据精矿品位和尾矿品位的软测量值β_{Soft}和δ_{Soft}，与目标值β^*和δ^*之间的偏差，以及工艺给定的精矿品位和尾矿品位指标允许的波动范围，调用精矿品位和尾矿品位指标前馈补偿模型，给出影响精矿品位和尾矿品位指标的粗选浮选机矿浆液位、精选浮选机矿浆液位、扫选浮选机矿浆液位等基础控制回路预设定值的补偿值$[\Delta h_{1F},\Delta h_{2F},\Delta h_{3F}]^T$；根据精矿品位和尾矿品位的软测量值$\beta_E$和$\delta_E$，与目标值$\beta^*$和$\delta^*$之间的偏差，以及工艺给定的精矿品位和尾矿品位指标允许的波动范围，调用精矿品位和尾矿品位指标反馈补偿模型，给出影响精矿品位和尾矿品位指标的粗选浮选机矿浆液位、精选浮选机矿浆液位、扫选浮选机矿浆液位等基础控制回路预设定值的补偿值$[\Delta h_{1B},\Delta h_{2B},\Delta h_{3B}]^T$，从而得到最终的粗选浮选机矿浆液位、精选浮选机矿浆液位和扫选浮选机矿浆液位的设定值$[h_{1sp},h_{2sp},h_{3sp}]^T$。

(4)根据粗选浮选机矿浆液位、精选浮选机矿浆液位和扫选浮选机矿浆液位的最终设定值，调用浮选机矿浆液位控制模块，通过调整各浮选机出口阀门开度，使得浮选机矿浆液位跟踪其设定值。

混合选别全流程智能运行控制软件功能如图4.4所示。

混合选别全流程智能运行控制软件主要包括OPC通信模块、初始化模块、基础控制回路预设定模块、精矿品位和尾矿品位软测量模块、前馈补偿模块、反馈补偿模块、浮选机矿浆液位控制模块、参数库管理模块、过程数据管理模块和人机接口模块，功能如下。

(1)OPC通信模块：实现运行控制监控计算机与混合选别控制系统操作员站之间的OPC数据通信，从操作员站读取混合选别过程的数据，并写入基础控制回路的设定值。

(2)初始化模块：在智能运行设定软件初始运行时，读入系统参数和模型参数等数据，对相关变量进行初始化设置。如OPC服务器名称、操作员站名称、OPC通信路径信息、软测量模型输入数据初始化等。

(3)基础控制回路预设定模块：由所读取的过程数据、人机接口录入的精矿

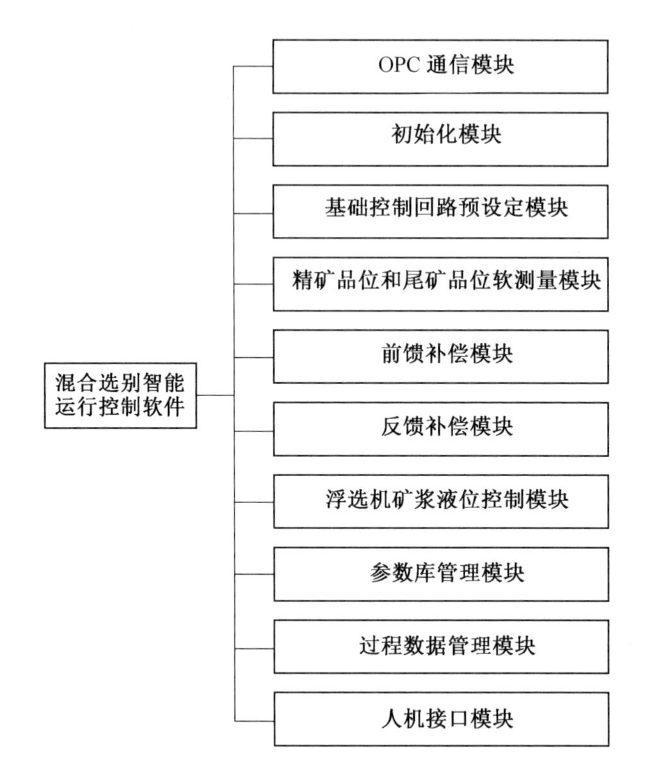

图 4.4 混合选别全流程智能运行控制软件功能图

品位和尾矿品位目标值、边界条件等，给出基础控制回路的预设定值，并将此结果下装到混合选别生产过程操作员站。

(4)精矿品位和尾矿品位软测量模块：将所读取的混合选别生产过程数据，经初始化后调用软测量模型算法程序，得到当前工况条件下精矿品位和尾矿品位指标的软测量值。

(5)前馈补偿模块：选择精矿品位和尾矿品位指标的软测量值作为精矿品位和尾矿品位指标的反馈值，并根据反馈值与目标值之间的偏差，调用前馈补偿规则库，给出粗选浮选机矿浆液位、精选浮选机矿浆液位和扫选浮选机矿浆液位控制回路设定值的补偿值，并将此结果下装到混合选别生产过程操作员站。

(6)反馈补偿模块：选择精矿品位和尾矿品位指标的化验值作为精矿品位和尾矿品位指标的反馈值，并根据反馈值与目标值之间的偏差，调用反馈补偿规则库，给出粗选浮选机矿浆液位、精选浮选机矿浆液位和扫选浮选机矿浆液位控制回路设定值的补偿值，计算得出最终的基础回路设定值，并将此结果下装到混合选别生产过程操作员站。

(7)浮选机矿浆液位控制模块：根据最终的浮选机矿浆液位设定值，调用浮选机矿浆液位控制模块，给出各浮选机出口阀门的开度。通过调整各浮选机出口阀门开度，使得浮选机矿浆液位跟踪各自的设定值。同时将出口阀门开度下装到混合选别生产过程操作员站。

(8)参数库管理模块：对预设定控制模型参数和软测量模型参数进行管理，用于保存、修改上述参数。

(9)过程数据管理模块：录入、修改、显示、存储过程数据，如边界条件、过程参数上下限、设定及软测量结果等。

(10)人机接口模块：为混合选别过程智能运行设定软件的操作提供人机交互画面，实现操作员与计算机软件之间重要信息的传递与转换。

2. 智能运行控制软件程序流程图

智能运行控制软件主要包括基础回路预设定子程序、精矿品位和尾矿品位软测量子程序、前馈补偿子程序、反馈补偿子程序和浮选机矿浆液位控制子程序。下面将分别介绍各部分子程序流程图。

(1)基础控制回路预设定子程序。

基础控制回路预设定子程序流程如图 4.5 所示，程序运行先调用初始化模块，预定义并初始化程序变量，从参数数据库中读入设定模型参数、限值参数等，并启动 OPC 连接子程序。首先，由操作员从智能设定人机接口界面上录入当前混合选别过程矿石可选性的边界条件 S_B、精矿品位和尾矿品位的目标值 β^* 和 δ^*，同时读取基础控制回路的上一次设定值 $[h_{1sp}(k-1), h_{2sp}(k-1), h_{3sp}(k-1)]^T$，为智能运行控制软件准备输入条件。然后，操作员可以选择采用人工手动设定方式或者智能设定方式，如果采用人工手动设定方式，直接人工录入给定的设定值；如果采用智能设定方式，则调用案例推理预设定模块，得到当前工况条件下基础控制回路的预设定值 $[\tilde{h}_{1sp}, \tilde{h}_{2sp}, \tilde{h}_{3sp}]^T$。之后，由操作人员确定上述得到的预设定值是否可以下装到操作员站并作为 PLC 控制程序中基础控制回路的设定值。如果该组设定值可以用于实际的混合选别生产过程，则由设定值下装模块将该组设定值下装，作为控制回路的设定值用于实际生产过程；否则，采用所读入的人工给定的预设定值。最后，判断参数录入周期是否到，如果录入周期未到，那么程序结束；如果参数录入周期已到，那么程序返回到参数录入模块。

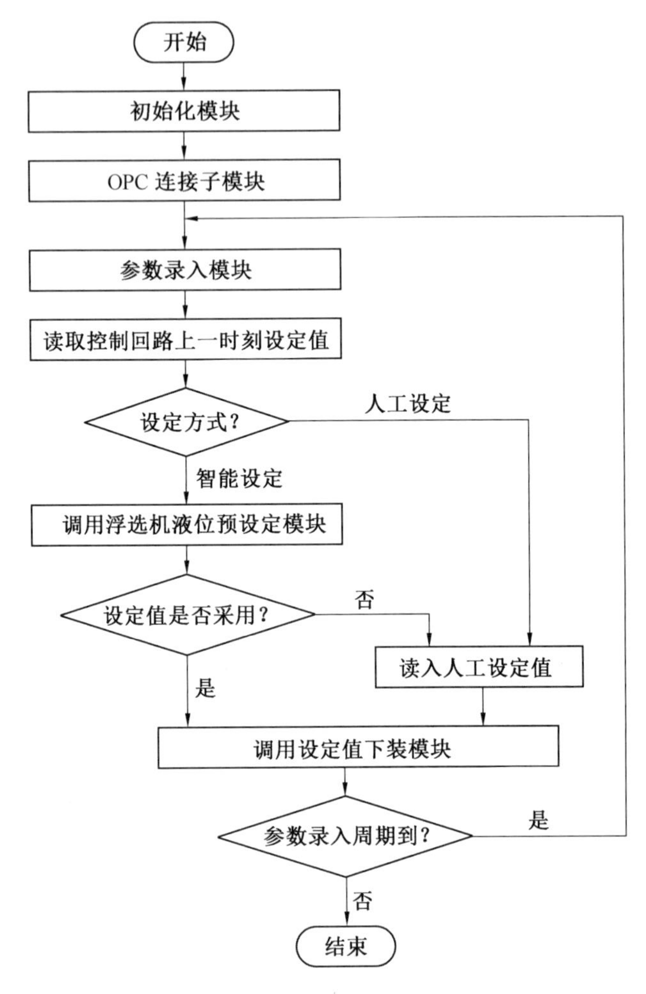

图 4.5　基础控制回路预设定程序流程图

(2)精矿品位和尾矿品位软测量子程序。

软测量模型的输入为浮选给矿粒度、浮选给矿品位、浓密底流矿浆浓度、浓密底流矿浆流量、粗选浮选机矿浆液位、精选浮选机矿浆液位、扫选浮选机矿浆液位，输出为混合选别过程的精矿品位和尾矿品位，其程序流程如图 4.6 所示。

首先，运行程序调用初始化模块，读入模型结构和参数，对软测量模型进行初始化。然后，OPC 连接子模块连接 OPC 服务器 OPCServer. MSstation，实现软测量模型与过程数据的通信。数据读入模块采用 OPC 协议，读取软测量模型需要的输入数据。读入的数据分为离线数据和在线检测数据。离线数据检测周

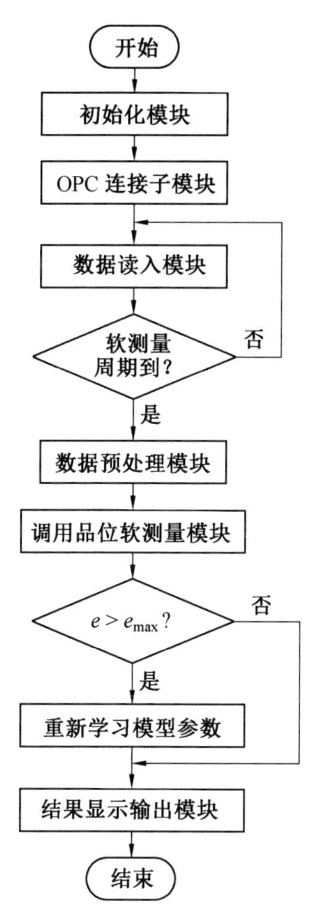

图 4.6　精矿品位和尾矿品位软测量子程序流程图

期为 1 h，在线数据采样周期为 10 s，设置软测量的周期为 300 s。当软测量周期时间到，将软测量周期内得到的数据调用数据预处理模块，将浮选给矿粒度、浓密底流矿浆浓度、浓密底流矿浆流量、浮选给矿品位、粗选浮选机矿浆液位、精选浮选机矿浆液位、扫选浮选机矿浆液位数据处理成模型输入数据。然后，调用软测量模型计算子模块。如果精矿品位和尾矿品位软测量值和实际检测值的差值在误差允许的范围内，则输出精矿品位和尾矿品位的软测量值并在人机接口画面显示；否则，重新学习模型参数。

(3)基于软测量模型的前馈补偿子程序流程。

基于软测量模型的反馈补偿模型根据精矿品位和尾矿品位软测量模型输出目标值，采用规则推理的方法对浮选机矿浆液位设定进行前馈补偿，实现流程如

图 4.7 所示。

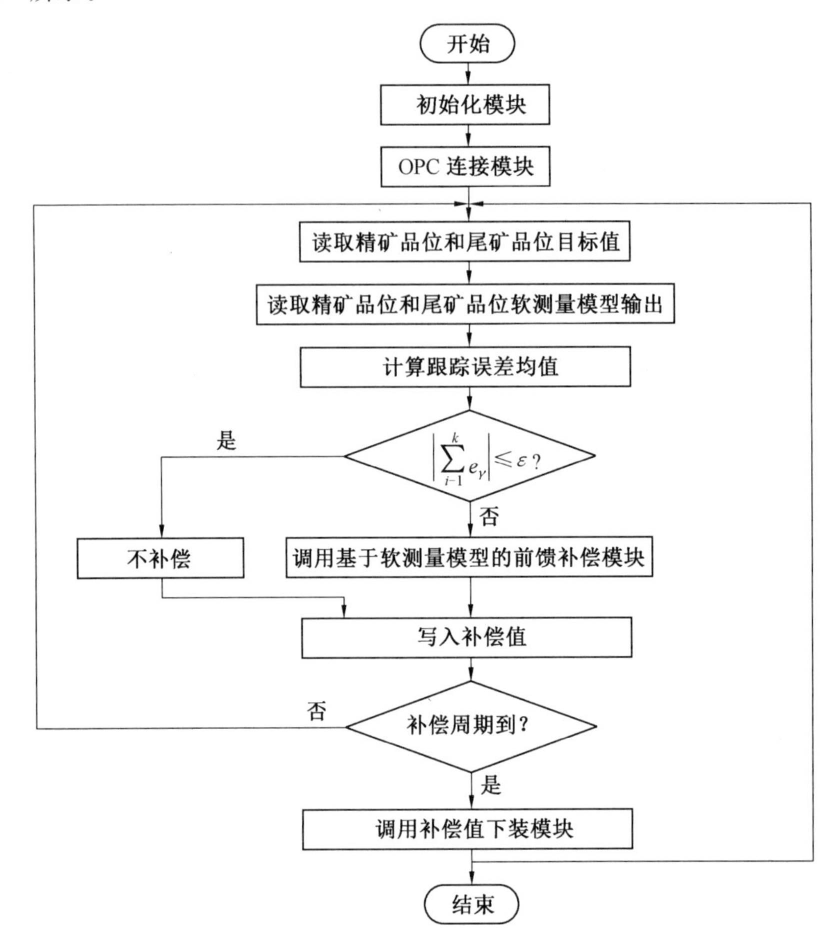

图 4.7　基于软测量模型的前馈补偿子程序流程图

首先,运行程序调用初始化模块,然后调用 OPC 连接模块,实现与过程数据通信功能。读取精矿品位和尾矿品位目标值、精矿品位和尾矿品位软测量模型输出值,计算跟踪误差平均值。如果平均误差小于预先指定的参数 ε,则输出补偿值为 0;否则调用基于软测量模型的前馈补偿模块得到前馈补偿值,如果补偿周期已到,则调用补偿值下装模块,如果补偿周期未到,则返回到读取精矿品位和尾矿品位目标值输出模块。

(4)基于化验值的反馈补偿子程序流程。

基于化验值的反馈补偿模型根据精矿品位和尾矿品位目标值输出,与精矿品位和尾矿品位实际化验值的统计分析结果，采用规则推理的方法对浮选机矿浆液位设定进行反馈补偿，实现流程如图 4.8 所示。

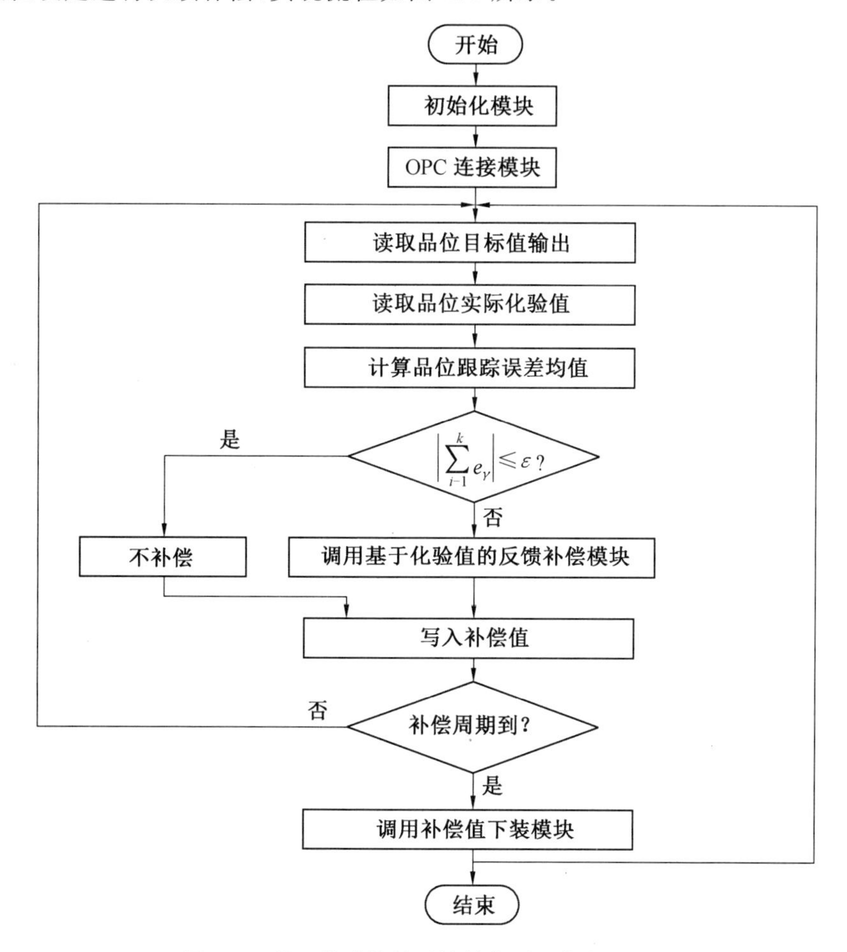

图 4.8　基于化验值的反馈补偿子程序流程图

首先，运行程序调用初始化模块，然后调用 OPC 连接模块，实现与过程数据通信功能。读取精矿品位和尾矿品位目标值输出值，与精矿品位和尾矿品位化验值，计算精矿品位和尾矿品位跟踪误差平均值，如果平均误差小于预先指定的参数 ε，则输出补偿值为 0；否则调用基于化验值的反馈补偿模块得到反馈补偿值，如果补偿周期已到，则调用补偿值下装模块，如果补偿周期未到，则返回到读取精矿品位和尾矿品位目标值输出模块。

3. 智能运行控制软件界面

智能运行控制软件界面的设计和开发为混合选别全流程智能控制提供运行和调试的人机接口画面。智能设定软件界面由浮选机矿浆液位预设定画面、精矿品位和尾矿品位软测量画面、基于软测量模型的前馈补偿画面和基于化验值的反馈补偿画面组成。

浮选机矿浆液位预设定画面如图 4.9 所示。录入精矿品位和尾矿品位目标值，以及生产边界条件（浮选给矿粒度、浮选给矿品位、底流矿浆浓度、底流矿浆流量、矿石可选性），同时录入上一时刻浮选机矿浆液位设定值，调用浮选机矿浆液位预设定模块，给出浮选机矿浆液位预设定值。

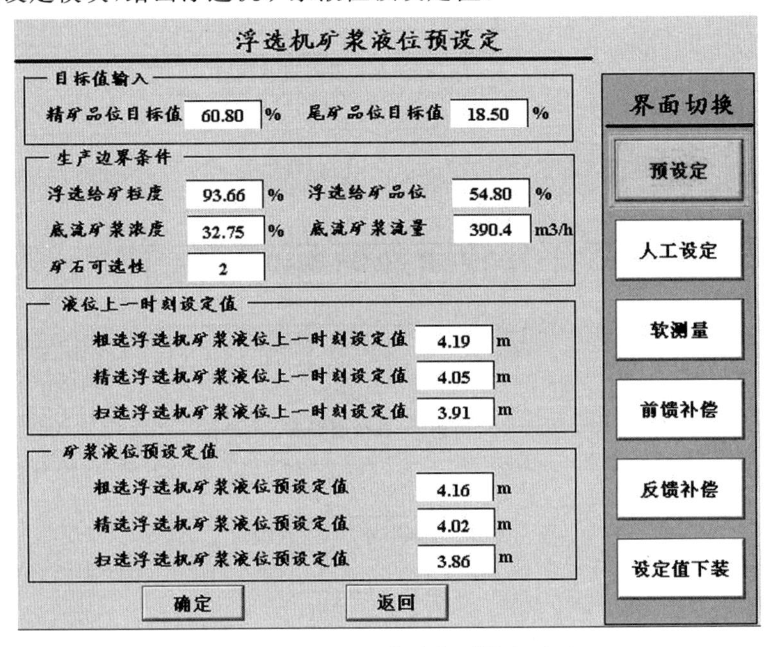

图 4.9　浮选机矿浆液位预设定画面

图 4.10 为精矿品位和尾矿品位软测量监控画面。录入浮选给矿粒度、浮选给矿品位等边界条件，然后通过 OPC 通信从控制器中读取底流矿浆浓度、底流矿浆流量、粗选矿浆液位、精选矿浆液位和扫选矿浆液位，调用软测量模块，计算出精矿品位和尾矿品位软测量值。

图 4.11 为基于软测量模型的前馈补偿画面。该画面显示精矿品位和尾矿品位的目标值，以及软测量结果，根据软测量的执行周期，调用基于软测量结果的前馈补偿模型，得到浮选机矿浆液位的前馈补偿值。

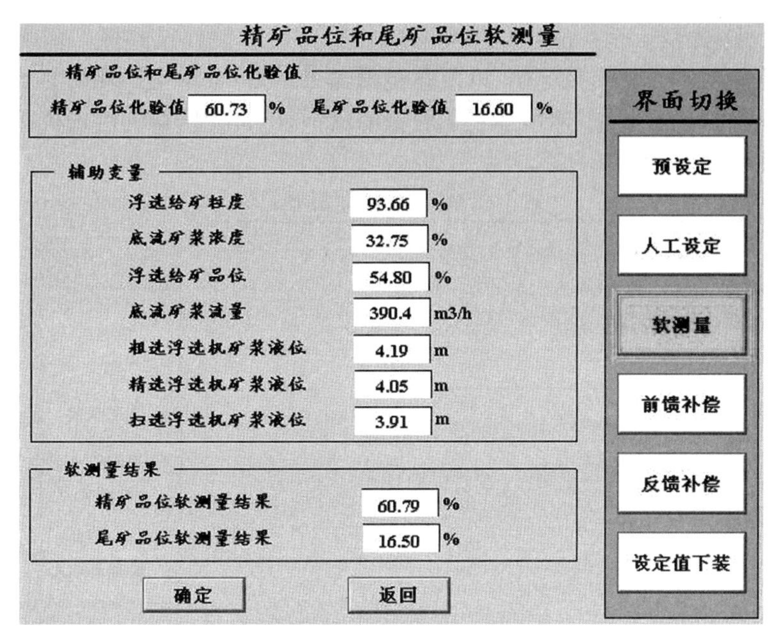

图 4.10　精矿品位和尾矿品位软测量监控画面

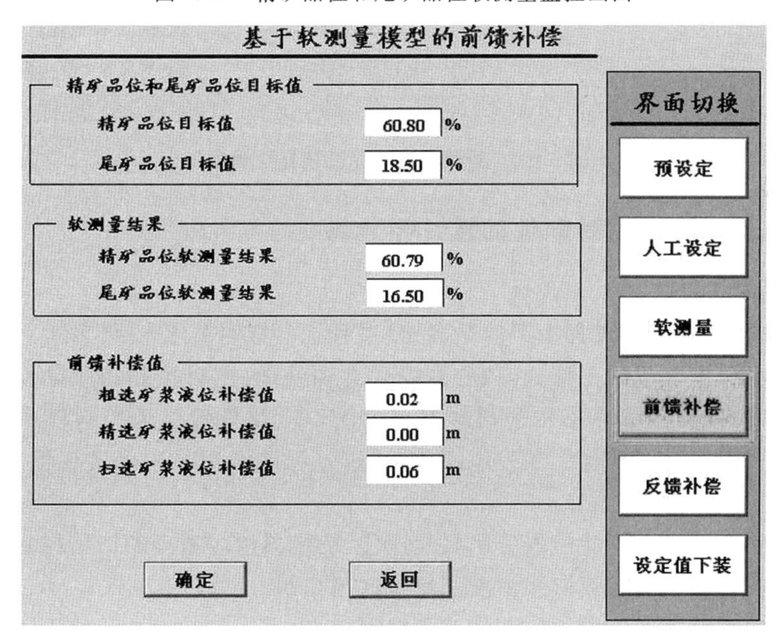

图 4.11　基于软测量模型的前馈补偿画面

图 4.12 为基于精矿品位和尾矿品位化验值的反馈补偿画面。该画面显示精矿品位和尾矿品位的目标值，以及化验值输出结果，根据生产现场的精矿品位和尾矿品位的化验周期，调用基于化验值的反馈补偿模型，得到浮选机矿浆液位的反馈补偿值。

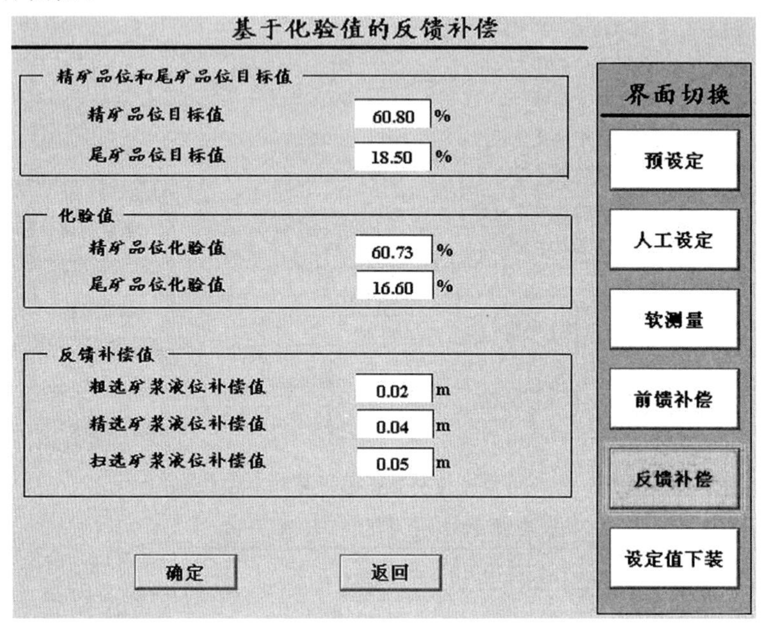

图 4.12 基于化验值的反馈补偿画面

4.4.3 过程控制软件的设计与开发

1. 功能设计

赤铁矿混合选别过程生产情况多变，过程控制软件需要按照实际生产的要求进行设计，主要包括三部分内容：数据采集和处理、逻辑控制和回路控制。过程控制软件以美国罗克韦尔公司的 RSLogix5000 软件包作为控制程序的开发环境，由一个主程序和若干子程序组成，通过主程序调用子程序实现控制功能。主要功能如下：

(1)实现再磨过程旋流器给矿泵池液位、旋流器给矿浓度的回路控制。

(2)实现浓密机底流矿浆浓度和流量区间控制。

(3)实现设备启停逻辑控制和连锁控制。

(4)实现数据采集、处理和报警功能。

过程控制软件的结构和功能如图 4.13 所示。

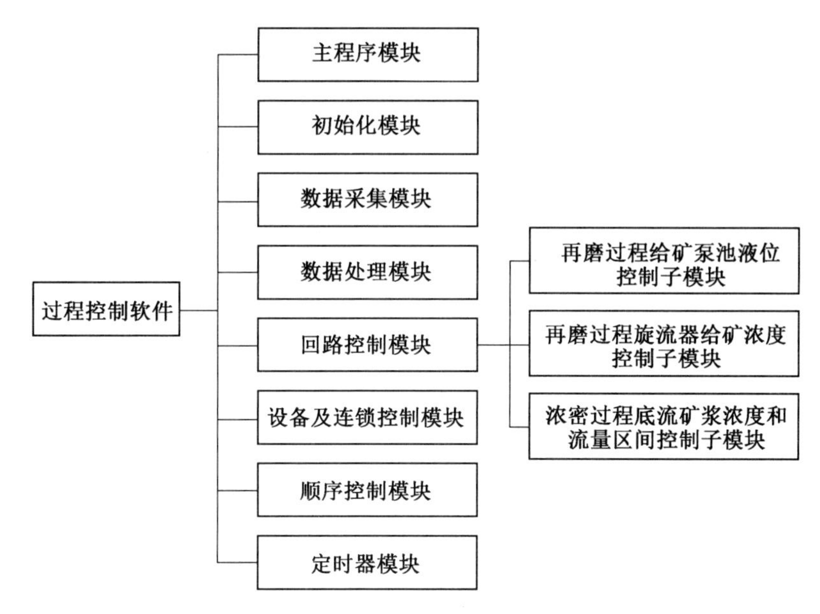

图 4.13 过程控制软件的结构和功能

过程控制软件主要包括主程序模块、初始化模块、数据采集模块、数据处理模块、回路控制模块、设备及连锁控制模块、顺序控制模块和定时器模块。功能如下：

(1)主程序模块:调用和管理各子程序和功能模块。

(2)初始化模块:在系统第一次运行时,对参数进行设置,包括回路控制参数设置,设定值限幅参数设置和其他重要控制参数设置。

(3)数据采集模块:实现过程数据的采集功能,将4～20 mA工业信号按照对应的量程范围转换,并进行超限、坏值等处理。

(4)数据处理模块:将采集到的过程数据进行滤波、累积等处理功能以及设定值和控制输出的限幅功能。

(5)回路控制模块:实现旋流器给矿泵池液位回路控制、旋流器给矿浓度回路控制、以及浓密机底流矿浆浓度和流量区间控制。

(6)设备及连锁控制模块:实现设备的启停控制、安全保护控制以及按照工艺要求实现的设备连锁控制,如实现运行油泵和球磨机的设备连锁控制要求。

(7)顺序控制模块:按照混合选别全流程开车和停车的工艺顺序,实现开车过程和停车过程的顺序控制。

2. 过程控制软件流程图

(1)旋流器给矿泵池液位和旋流器给矿浓度控制子程序。

采用常规的PI控制器分别实现泵池液位和旋流器给矿浓度的跟踪控制。旋流器给矿泵池液位控制流程图如图4.14所示，旋流器给矿矿浆浓度控制流程图如图4.15所示。

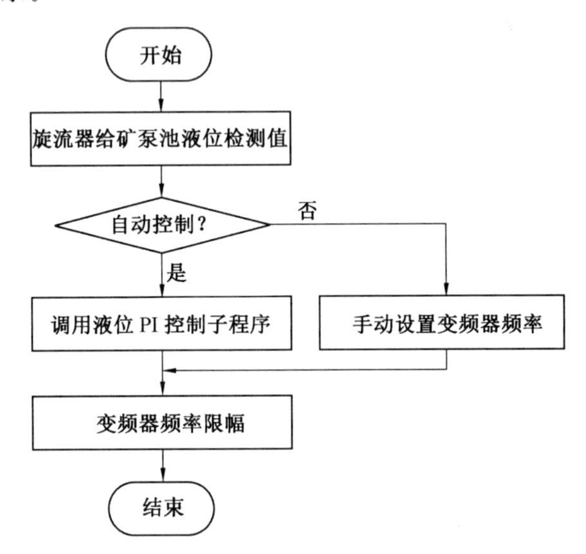

图4.14 旋流器给矿泵池液位控制流程图

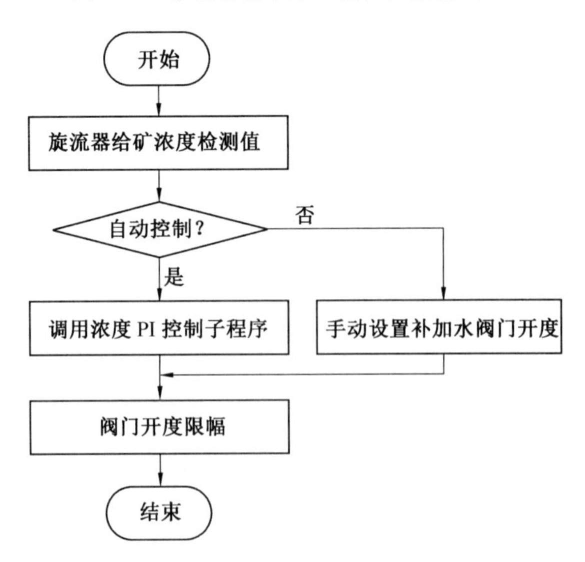

图4.15 旋流器给矿浓度控制流程图

(2)浓密机底流矿浆浓度和流量区间控制子程序。

通过矿浆流量静态模型得到流量预设定值,然后采用区间切换控制根据底流矿浆浓度及其变化率,选择流量设定补偿或流量设定保持,得到矿浆流量的设定值,通过流量 PI 控制器,使得矿浆流量跟踪其设定值。控制流程图如图 4.16 所示。

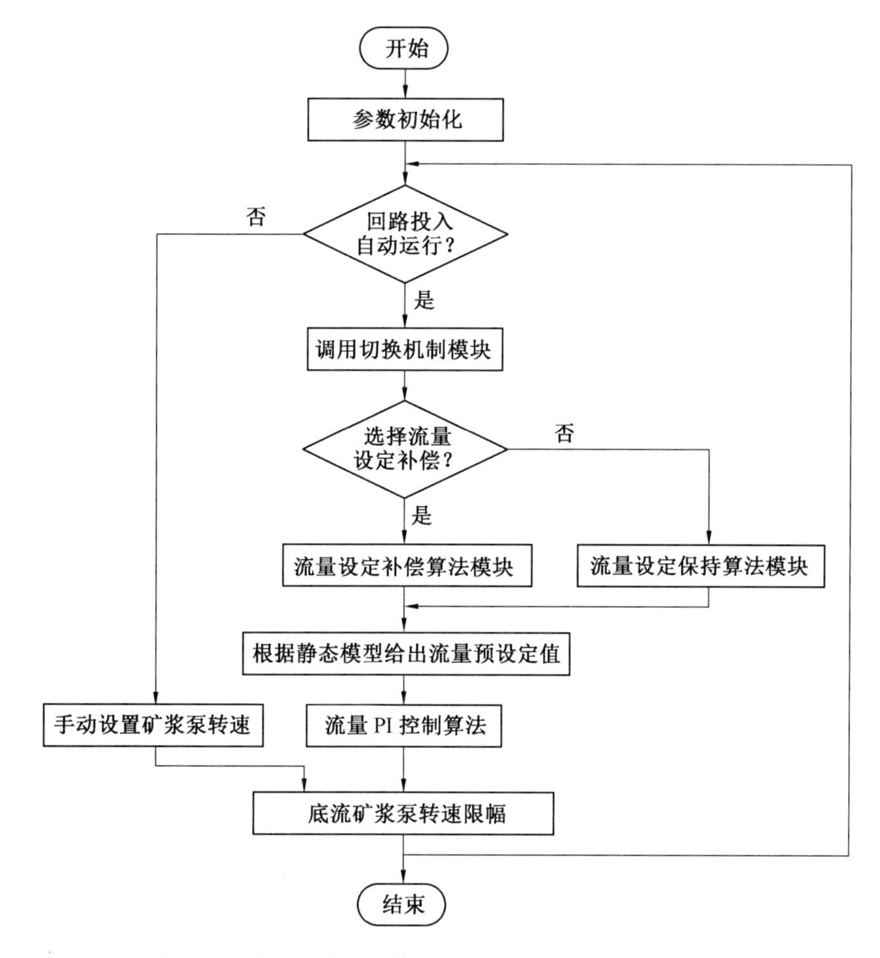

图 4.16　浓密机底流矿浆浓度和流量区间切换控制流程图

4.4.4　过程监控软件的设计和开发

1. 功能设计

过程监控软件采用美国罗克韦尔公司的组态软件 RSView32 进行开发,主要实现对整个生产过程的实时监控、参数显示、报警提示、数据的记录及历史趋势的查看。

过程监控软件的功能如图 4.17 所示，主要包括：用户管理模块、系统安全管理模块、过程监测模块、操作控制模块、数据归档及查询模块、操作指导模块、报警提示及处理模块、生产安全管理模块和人机交互模块。具体介绍如下。

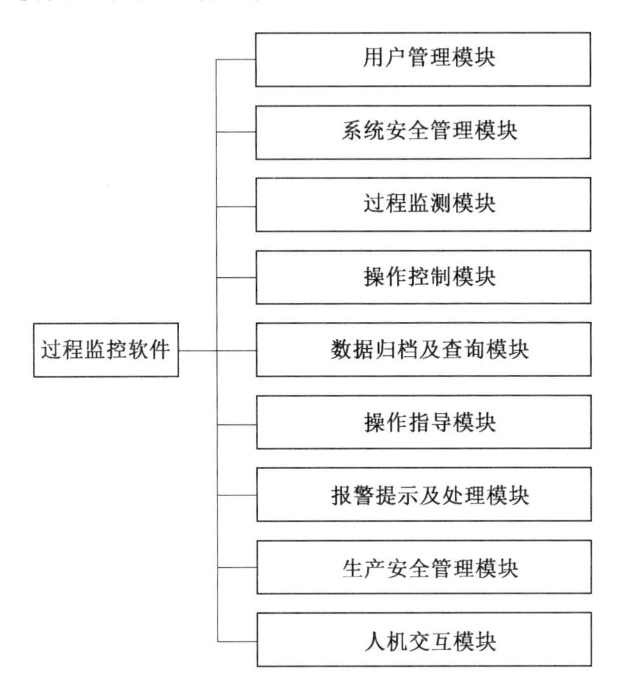

图 4.17 过程监控软件的功能

(1)用户管理模块：用户管理包含用户的建立、删除，用户权限的设置及用户密码的修改。用户权限按操作员和工程师等不同级别进行设置，实现用户控制权限分级管理功能。为了保护生产正常进行，生产过程中的关键工艺参数只有工程师级别才能进行更改和设定，同时操作员界面一些操作也有权限的限制。

(2)系统安全管理模块：对系统设备、通信故障报警、记录和查询以及用户的登录与退出、系统历史操作活动记录和系统历史报警等记录和查询功能。

(3)过程监测模块：对生产过程设备和过程参数监控，如球磨机、浓密机及浮选机等设备的启停状态监测；浮选机液位、底流矿浆浓度和流量及旋流器给矿泵池液位和旋流器给矿浓度等参数的监测。

(4)操作控制模块：实现设备的启停控制、过程回路控制操作等功能。包括设备单启单停控制操作，顺序控制操作、回路控制方式、设定值或者控制参数的修改等。

(5)数据归档及查询模块：保存和管理历史数据，提供实时数据和历史数据的查询功能，具有显示实时数据和历史数据趋势曲线功能。

(6)操作指导模块：为操作员操作和控制提供帮助信息。

(7)报警提示及处理模块：提示生产过程出现的报警信息，并提供显示、删除、确认及查询等报警处理功能。

(8)生产安全管理模块：对生产过程设备的安全保护。如对设备故障进行报警、连锁保护，在关键操作执行前进行确认等。

(9)人机交互模块：为实现操作员对过程监控，设计和开发相应的软件界面。

2. 监控界面

过程监控软件为操作员提供了直观、完备、易于操作的监控画面，实现对整个生产过程的实时监控、数据的显示、报警提示、数据的记录及数据趋势的查看等功能。为此设计了包括工艺流程画面、控制面板画面、报警画面、趋势图画面、启动画面、停止画面等监控画面。

图4.18为监控软件的系统管理界面，系统管理画面是系统的主画面，体现了监控软件的组成和现场工艺流程，通过它可以进入各分画面和各功能画面。

图4.18　监控软件的系统管理界面

图4.19为图4.20分别为活动记录画面和报警记录画面。通过系统管理监控画面点击相应的按钮可进入活动记录画面和报警记录画面。活动记录画面记录各种类型的系统活动，操作员登录系统和退出系统，以及记录每个操作员在登录系统后的所有操作，包括命令和宏的使用，界面切换信息，变量的读写活动等。

报警记录主要是记录所有已发生的报警信息。

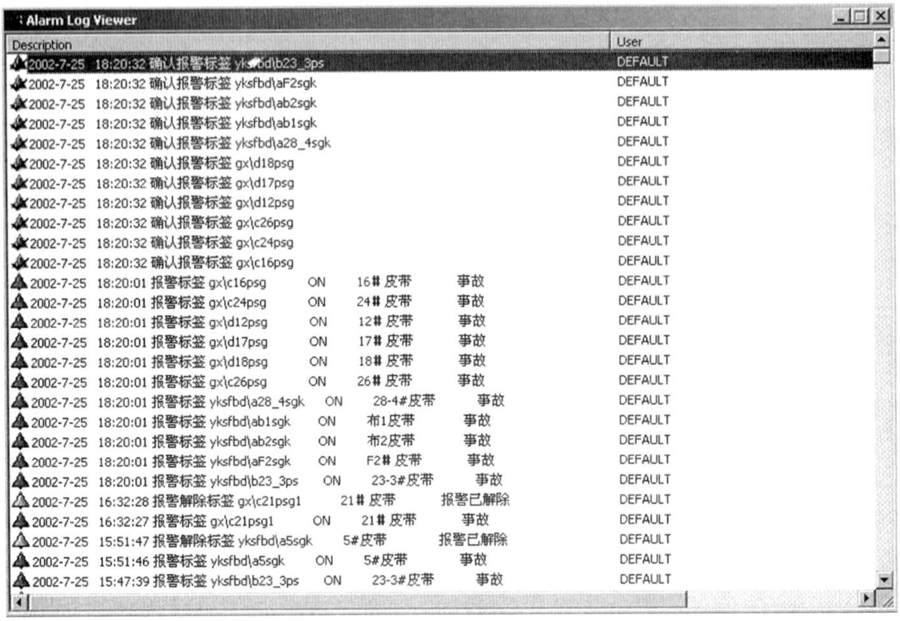

Alarm Log Viewer

Description	User
2002-7-25 18:20:32 确认报警标签 yksfbd\b23_3ps	DEFAULT
2002-7-25 18:20:32 确认报警标签 yksfbd\aF2sgk	DEFAULT
2002-7-25 18:20:32 确认报警标签 yksfbd\ab2sgk	DEFAULT
2002-7-25 18:20:32 确认报警标签 yksfbd\ab1sgk	DEFAULT
2002-7-25 18:20:32 确认报警标签 yksfbd\a28_4sgk	DEFAULT
2002-7-25 18:20:32 确认报警标签 gx\d18psg	DEFAULT
2002-7-25 18:20:32 确认报警标签 gx\d17psg	DEFAULT
2002-7-25 18:20:32 确认报警标签 gx\d12psg	DEFAULT
2002-7-25 18:20:32 确认报警标签 gx\c26psg	DEFAULT
2002-7-25 18:20:32 确认报警标签 gx\c24psg	DEFAULT
2002-7-25 18:20:32 确认报警标签 gx\c16psg	DEFAULT
2002-7-25 18:20:01 报警标签 gx\c16psg ON 16# 皮带 事故	DEFAULT
2002-7-25 18:20:01 报警标签 gx\c24psg ON 24# 皮带 事故	DEFAULT
2002-7-25 18:20:01 报警标签 gx\d12psg ON 12# 皮带 事故	DEFAULT
2002-7-25 18:20:01 报警标签 gx\d17psg ON 17# 皮带 事故	DEFAULT
2002-7-25 18:20:01 报警标签 gx\d18psg ON 18# 皮带 事故	DEFAULT
2002-7-25 18:20:01 报警标签 gx\c26psg ON 26# 皮带 事故	DEFAULT
2002-7-25 18:20:01 报警标签 yksfbd\a28_4sgk ON 28-4#皮带 事故	DEFAULT
2002-7-25 18:20:01 报警标签 yksfbd\ab1sgk ON 布1皮带 事故	DEFAULT
2002-7-25 18:20:01 报警标签 yksfbd\ab2sgk ON 布2皮带 事故	DEFAULT
2002-7-25 18:20:01 报警标签 yksfbd\aF2sgk ON F2# 皮带 事故	DEFAULT
2002-7-25 18:20:01 报警标签 yksfbd\b23_3ps ON 23-3#皮带 事故	DEFAULT
2002-7-25 16:32:28 报警解除标签 gx\c21psg1 21# 皮带 报警已解除	DEFAULT
2002-7-25 16:32:27 报警标签 gx\c21psg1 ON 21# 皮带 事故	DEFAULT
2002-7-25 15:51:47 报警解除标签 yksfbd\a5sgk 5#皮带 报警已解除	DEFAULT
2002-7-25 15:51:46 报警标签 yksfbd\a5sgk ON 5#皮带 事故	DEFAULT
2002-7-25 15:47:39 报警标签 yksfbd\b23_3ps ON 23-3#皮带 事故	DEFAULT

图 4.19 活动记录画面

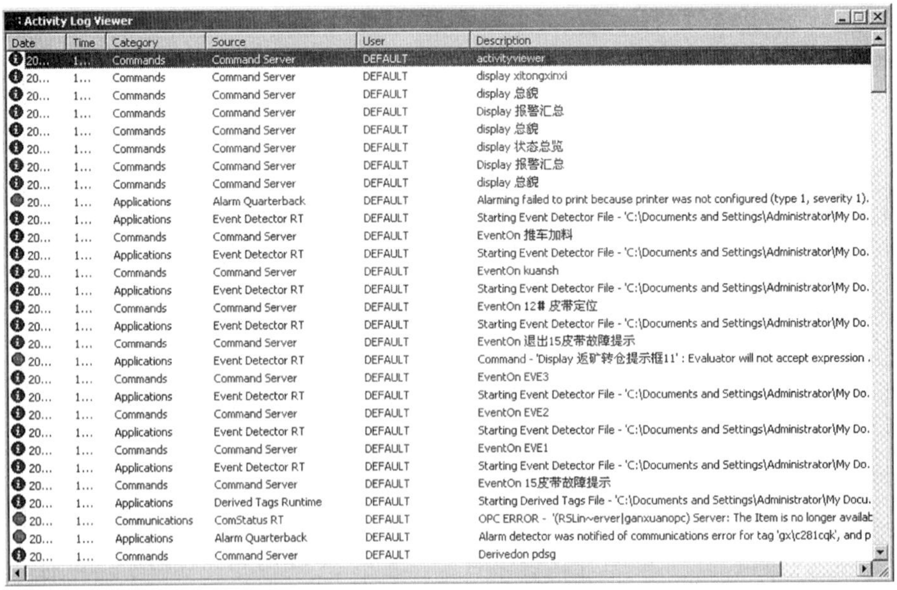

Activity Log Viewer

Date	Time	Category	Source	User	Description
20...	1...	Commands	Command Server	DEFAULT	activityviewer
20...	1...	Commands	Command Server	DEFAULT	display xitongxinxi
20...	1...	Commands	Command Server	DEFAULT	display 总貌
20...	1...	Commands	Command Server	DEFAULT	Display 报警汇总
20...	1...	Commands	Command Server	DEFAULT	display 总貌
20...	1...	Commands	Command Server	DEFAULT	display 状态总览
20...	1...	Commands	Command Server	DEFAULT	Display 报警汇总
20...	1...	Commands	Command Server	DEFAULT	display 总貌
20...	1...	Applications	Alarm Quarterback	DEFAULT	Alarming failed to print because printer was not configured (type 1, severity 1).
20...	1...	Applications	Event Detector RT	DEFAULT	Starting Event Detector File - 'C:\Documents and Settings\Administrator\My Do.
20...	1...	Commands	Command Server	DEFAULT	EventOn 推车加料
20...	1...	Applications	Event Detector RT	DEFAULT	Starting Event Detector File - 'C:\Documents and Settings\Administrator\My Do.
20...	1...	Commands	Command Server	DEFAULT	EventOn kuansh
20...	1...	Applications	Event Detector RT	DEFAULT	Starting Event Detector File - 'C:\Documents and Settings\Administrator\My Do.
20...	1...	Commands	Command Server	DEFAULT	EventOn 12# 皮带定位
20...	1...	Applications	Event Detector RT	DEFAULT	Starting Event Detector File - 'C:\Documents and Settings\Administrator\My Do.
20...	1...	Commands	Command Server	DEFAULT	EventOn 退出15皮带故障提示
20...	1...	Applications	Event Detector RT	DEFAULT	Command - 'Display 返矿转仓提示框11' : Evaluator will not accept expression .
20...	1...	Commands	Command Server	DEFAULT	EventOn EVE3
20...	1...	Applications	Event Detector RT	DEFAULT	Starting Event Detector File - 'C:\Documents and Settings\Administrator\My Do.
20...	1...	Commands	Command Server	DEFAULT	EventOn EVE2
20...	1...	Applications	Event Detector RT	DEFAULT	Starting Event Detector File - 'C:\Documents and Settings\Administrator\My Do.
20...	1...	Commands	Command Server	DEFAULT	EventOn EVE1
20...	1...	Applications	Event Detector RT	DEFAULT	Starting Event Detector File - 'C:\Documents and Settings\Administrator\My Do.
20...	1...	Commands	Command Server	DEFAULT	EventOn 15皮带故障提示
20...	1...	Applications	Derived Tags Runtime	DEFAULT	Starting Derived Tags File - 'C:\Documents and Settings\Administrator\My Docu.
20...	1...	Communications	ComStatus RT	DEFAULT	OPC ERROR - '(RSLin~erver|ganxuanopc) Server: The Item is no longer availab
20...	1...	Applications	Alarm Quarterback	DEFAULT	Alarm detector was notified of communications error for tag 'gx\c281cqk', and p
20...	1...	Commands	Command Server	DEFAULT	Derivedon pdsg

图 4.20 报警记录画面

图 4.21 为再磨过程的监控画面，图 4.22 为再磨过程旋流器给矿泵池液位和旋流器给矿浓度回路控制监控画面，图 4.23 为再磨过程历史趋势画面。

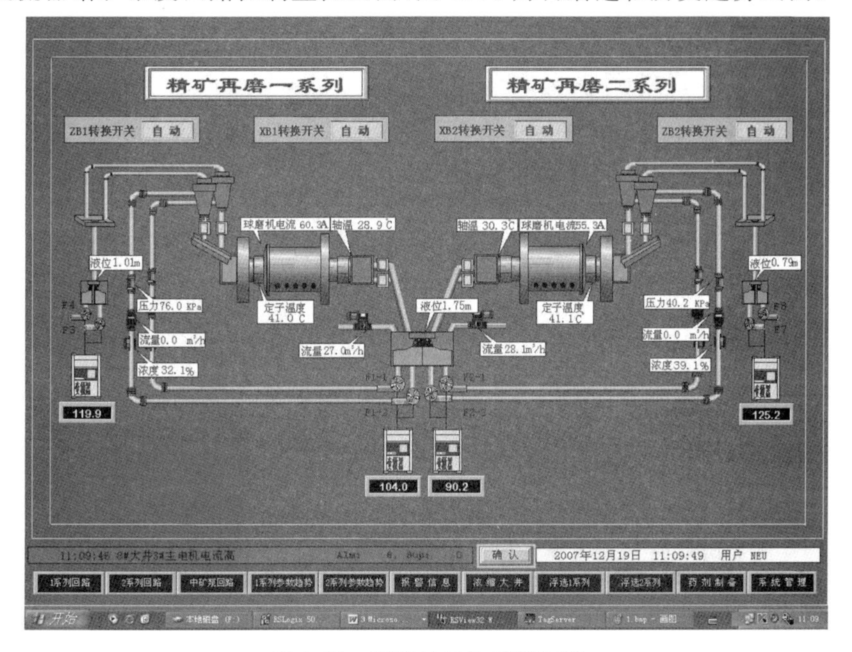

图 4.21　再磨过程的监控画面

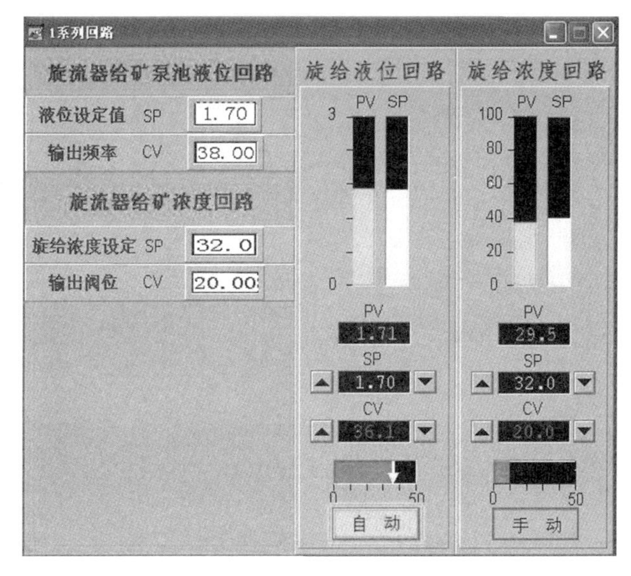

图 4.22　再磨过程回路控制监控画面

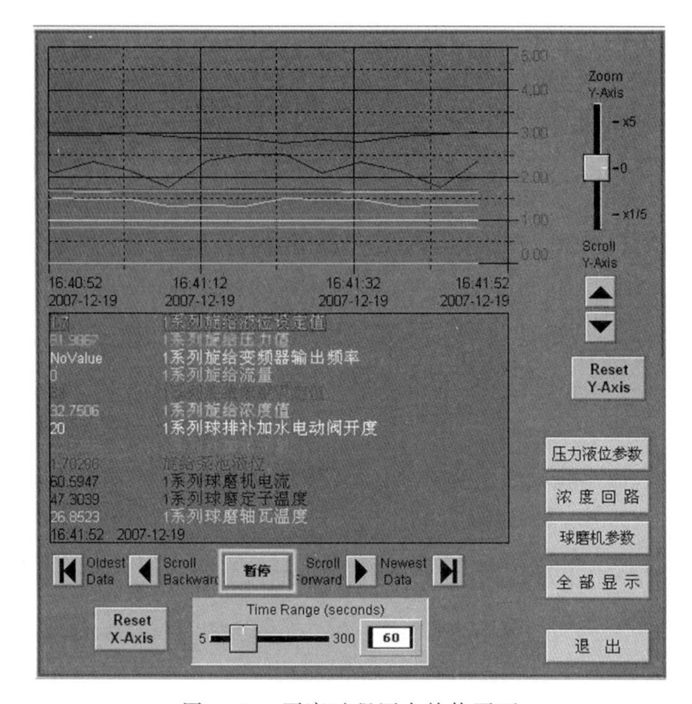

图 4.23 再磨过程历史趋势画面

图 4.24 和图 4.25 分别为浓密过程监控画面和浓密过程底流智能切换控制监控画面。

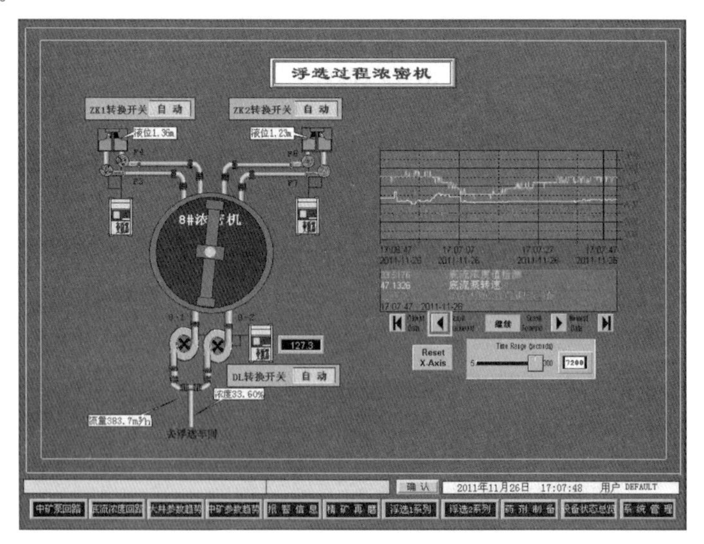

图 4.24 浓密过程监控画面

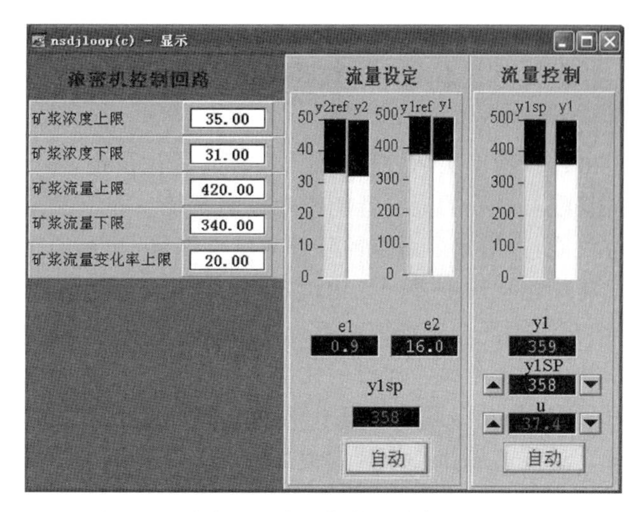

图 4.25　浓密过程底流智能切换控制监控画面

图 4.26 分别为浮选过程监控画面。

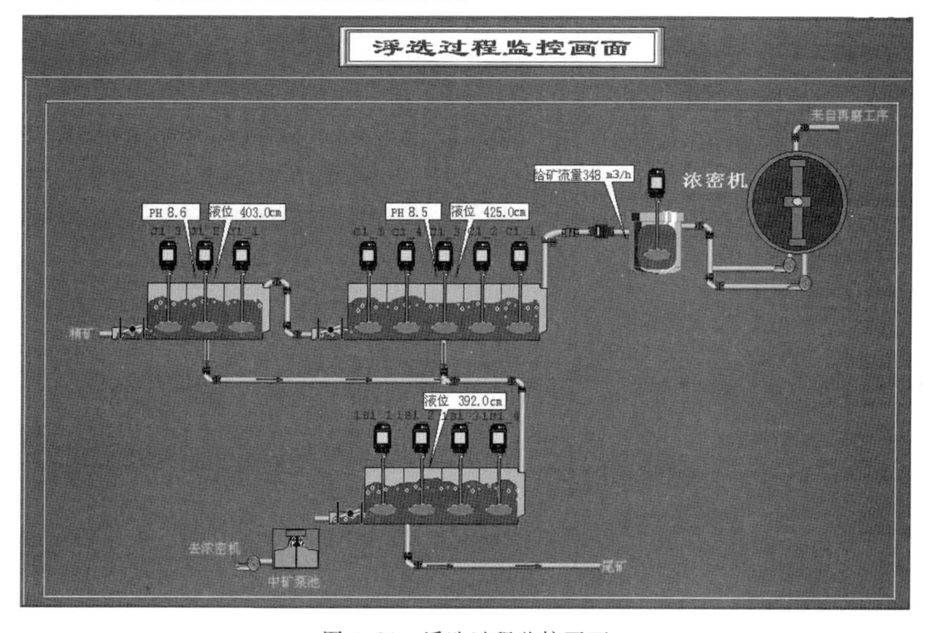

图 4.26　浮选过程监控画面

4.5 本章小结

本章提出了由过程管理层和过程控制层(智能优化设定,基础自动化)二层结构组成的生料浆配料过程的混合智能优化控制系统。介绍了混合智能优化控制系统的结构与功能,并搭建了系统的硬件与软件平台,开发了混合智能优化控制软件。混合智能优化软件主要由优化设定模型软件、控制软件和操作指导监控画面组成,详细介绍了混合选别智能运行控制软件的各个部分的功能设计、软件实现流程图和软件实现画面。通过优化设定模型软件产生关键被控变量的操作值,控制软件保证这些操作值的稳定跟踪控制,操作指导对生产和系统的运行进行管理和监控。过程的操作指导画面界面友好,操作简单、方便,操作员可依赖这些直观的画面对设备状态及参数进行监视,可对各种电气设备或仪表设备进行有选择性的操作,以实现人机优势互补的目的。

第5章 工业应用

本章将第4章所研究和开发的赤铁矿混合选别全流程智能控制系统应用于国内的大型选矿厂——酒泉钢铁集团有限公司选矿厂，成功实现了选矿厂混合选别全流程的自动控制，并且取得了满意的控制效果。

5.1 应用背景

酒泉钢铁集团有限公司始建于1958年，是国家"一五"期间重点建设项目之一。形成了"采矿、选矿、烧结"，"铁、钢、材"完整配套的钢铁工业生产体系，是西北地区具有较大影响力的钢铁联合企业。公司产品种类已达100多种，其中碳钢年生产900万t，不锈钢年生产200万t。酒钢选矿厂生产现场如图5.1所示。

图5.1 酒钢选矿厂生产现场

酒钢选矿厂每年铁矿石处理量达到1 050万t，作为酒钢的原料基地，承担为后续烧结和高炉炼铁工序提供合格品位的铁精矿粉的任务。其中由再磨过程、浓密过程和浮选过程组成的混合选别全流程是选矿厂的最后一道工序，其选别效果直接影响全厂的生产指标精矿品位和尾矿品位。由于影响经济技术指标精矿品位和尾矿品位的控制变量浮选机液位和生产边界条件如给矿品位、给矿粒度、给矿浓度、给矿流量变化频繁，主要采用现场人工调节的方式进行生产。

人工操作存在人为主观性和随意性，难以及时准确地调整各操作变量，无法保证混合选别生产过程的稳定运行，导致经济技术指标变坏，进而影响后续生产过程的生产稳定。本书以酒钢“酒钢选矿厂弱磁精矿提质降杂自动化改造项目”为背景，结合工业现场的生产实际情况，采用本书提出的智能控制方法和开发的软件平台，设计完成了赤铁矿混合选别全流程智能控制系统。

赤铁矿选别过程主要包括焙烧、磨矿、磁选和混合选别等主要的生产工序。原矿石首先经过竖炉焙烧，由弱磁性的 Fe_2O_3 还原为强磁性的 Fe_3O_4，竖炉焙烧后的矿石通过带式运输机给到磨矿工序，研磨后粒度合格的矿浆给到磁选工序，磁选精矿矿浆送至再磨工序的旋流器给矿泵池，由矿浆泵输送到水力旋流器进行分级，粒度合格的矿浆输送到浓密过程，粒度不合格的矿浆沉砂自流到再磨球磨机进行研磨处理，球磨机排矿自流到旋流器给矿泵池，再由矿浆泵输送到水力旋流器，构成闭路磨矿分级。再磨后的较低浓度的矿浆经浓密机浓密后，在浓密机底部获得较高浓度的矿浆，通过底流矿浆输送到浮选过程，在浮选工序中，包括粗选、精选和扫选三个选别阶段，最后获得较高品位的精矿。

该系统的主要设备及参数如表 5.1 所示。

表 5.1 混合选别全流程主要设备及参数

设备名称	规格性能及电机	转速 /($r\cdot min^{-1}$)	台数 /台
再磨球磨机	溢流型 ϕ3.6×6(28 t/h)	17	2
	主电机 TDMK1250−30(1 250 kW)	740	2
	慢传电机 Y180L−6(15 kW)	970	2
浮选机	XCF/KYF		15
	电机 Y90S−4 (45 kW)	1 480	15
浓密机	HRC25/2		1
	电动机 SGA90S−4(15 kW)	1 400	1
底流矿浆泵	300ZJ−I−A65		2
	电动机 Y132S_2−2(75 kW)	2 900	2
旋流器给矿泵	200ZJ−I−A63		4
	电机 Y355M2−6(185 kW)		4
旋流器	CZ250		10

要实现混合选别全流程的智能控制，在进行自动化技术的改造过程中，首先

需要分析其工艺特点和控制任务，在此基础之上寻求合适的控制方案、设计并开发出相应的计算机控制系统，这也是应用于工业生产过程的前提。本书依托国家科技支撑计划“选矿全流程先进控制技术”(编号:2012BAF19G01)，结合某选矿厂“赤铁矿提质降杂改造工程”项目，并考虑到混合选别过程的生产实际，采用第 3 章所提出的混合选别全流程智能控制方法及第 4 章设计开发的混合选别全流程智能控制系统，在酒钢选矿厂进行了安装、调试并投入运行，取得了显著的应用效果。

5.2 控制系统实施

结合酒钢选矿厂的混合选别全流程的生产实际情况，并对从生产过程得到的大量离线数据、历史数据和实时数据进行分析比较的基础上，以提高精矿品位和降低尾矿品位为目标的混合选别全流程智能控制方法，设计和开发了混合选别全流程智能控制系统软、硬件平台，并在美国罗克韦尔公司的 ControlLogix5000 系列控制软件上研制和开发了过程控制软件。将上述控制软件应用于酒钢选矿厂混合选别全流程实际工业生产过程，在保证生产过程安全稳定运行的条件下，将精矿品位和尾矿品位控制在工艺规定的目标值范围内，并尽可能提高精矿品位和降低尾矿品位。混合选别全流程生产现场和主控室分别如图 5.2 和图 5.3 所示。

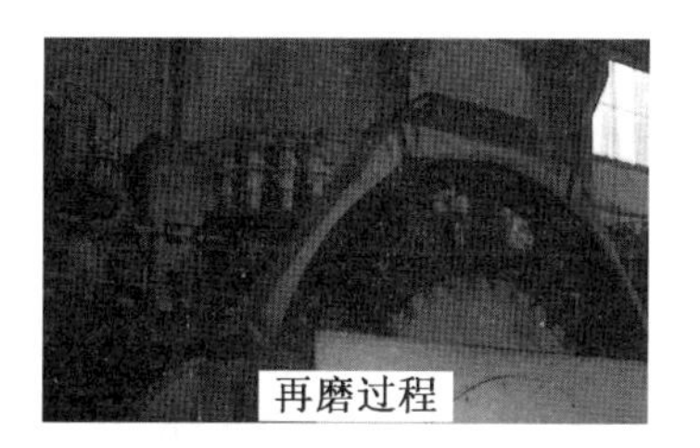

图 5.2　混合选别全流程生产现场

图 5.3 混合选别全流程主控室

(1)控制目标及工艺参数要求。

精矿品位和尾矿品位、浮选机矿浆液位，以及浓密机底流矿浆浓度和流量工艺规定范围：

①精矿品位在 58%～64%之间，尾矿品位在 0～24%之间。

②粗选浮选机矿浆液位在 4.0～4.4 m 之间，精选浮选机矿浆液位在 3.8～4.2 m 之间，扫选浮选机矿浆液位在 3.6～4 m 之间。

③浓密机底流矿浆浓度在 31%～35%之间，浓密机底流矿浆流量在 340～420 m^3/h之间，底流矿浆流量变化率在 0～20 m^3/h 之间。

(2)重要生产过程变量的量程及操作范围。

重要生产过程变量的量程设置和工艺要求操作范围如表 5.2 所示。

(3)浓密机底流矿浆浓度和流量区间切换控制器参数。

矿浆浓度参考值为 $D_{\mathrm{Tref}}=33\%$，矿浆流量参考值为 $F_{\mathrm{Tref}}=380\ m^3/h$，底流矿浆流量预设定值为 $F_{\mathrm{T}}^{*}=368.4\ m^3/h$，浓度偏差论域为[-2,2]，量化因子为 $K_2=3$，流量偏差论域为[-40,40]，量化因子为 $K_2=0.15$，模糊补偿值的比例因子为 $K_{\mathrm{u}}=3.33$；流量 PI 控制器参数为 $K_{\mathrm{p}}=1.5$，$T_i=0.4$。

(4)浮选机矿浆液位自适应解耦控制器参数。

被控对象 $\boldsymbol{A}(z^{-1})$ 和 $\boldsymbol{B}(z^{-1})$ 的阶次分别为 $n_a=2$ 和 $n_b=1$；切换准则的参数选择如下，$\beta=1$，$N=2$ 和 $\Delta=0.8$；ANFIS 每个输入划分为三个模糊区间，选择高斯函数作为隶属度函数，个数为 3。

(5)浮选机矿浆液位智能设定控制参数。

智能预设定模块、软测量模型、前馈补偿模型和反馈补偿模型的控制参数详见 3.3.1～3.3.2 节。

表 5.2 混合选别全流程重要过程变量量程及操作范围

变量	量程	操作范围
旋流器给矿泵池液位/m	0～2.5	1.5～2.1
旋流器给矿浓度/%	0～50	15～25
旋流器给矿泵转速/Hz	0～50	30～45
球磨机补加水流量/($m^3 \cdot h^{-1}$)	0～300	100～220
浓密机底流矿浆浓度/%	0～50	31～35
浓密机底流矿浆流量/($m^3 \cdot h^{-1}$)	0～600	340～420
底流矿浆泵转速/Hz	0～50	30～45
粗选浮选机矿浆液位/m	0～5	4～4.4
粗选出口阀门开度/%	1～100	30～85
精选浮选机矿浆液位/m	0～5	3.8～4.2
精选出口阀门开度/%	1～100	30～85
扫选浮选机矿浆液位/m	0～5	3.6～4.0
扫选出口阀门开度/%	1～100	30～85

5.3 应用验证研究

5.3.1 浮选机矿浆液位智能设定

将本书提出的智能运行控制方法应用到上述混合选别控制系统，应用结果如下。

图5.4为2016年7月16日21:57—23:37，混合选别控制系统精矿品位目标值β^*，尾矿品位目标值δ^*，精矿品位软测量输出值β_{Soft}，尾矿品位软测量输出值δ_{Soft}，精矿品位化验值β_E，尾矿品位化验值δ_E，粗选浮选机矿浆液位h_1，精选浮选机矿浆液位h_2和扫选浮选机矿浆液位h_3的运行曲线。

图5.4所示的生产过程操作流程为：控制系统首先在人工控制方式下实现精矿品位和尾矿品位的控制，操作员首先根据经验给出粗选浮选机矿浆液位设定值使得浮选机矿浆液位$h_{1sp}=4.2$ m，精选浮选机矿浆液位设定值$h_{2sp}=4.0$ m，扫选浮选机矿浆液位设定值$h_{3sp}=3.8$ m。在23:05时，将浮选机矿浆液

位控制系统投入运行，跟踪其设定值，在 23:06 时，将预设定模型投入运行，在 23:10时，将前馈模型和反馈模型投入运行。

表 5.3 为系统在 23:06 时的生产边界条件，根据第 3 章浮选机矿浆液位预设定模块给出浮选机矿浆液位设定值分别为 $h_{1sp}=4.22$ m，$h_{2sp}=4.02$ m，$h_{3sp}=3.82$ m。

表 5.4 为系统在 23:10 时的运行工况，系统在 23:10 时，精矿品位目标值 $\beta^*=60.75\%$，尾矿品位目标值 $\delta^*=17.5\%$，软测量模型输出为 $\beta_{Soft}=60.12\%$，$\delta_{Soft}=18.01\%$，偏差 $\Delta\beta_f=0.63\%$和 $\Delta\delta_f=-0.51\%$。根据第 3 章前馈补偿模型实现方法，采用规则推理技术得到前馈补偿模型输出值 $\Delta h_{1f}=0.02$ m，$\Delta h_{2f}=0.04$ m和 $\Delta h_{3f}=0.02$ m，补偿后的浮选机矿浆液位设定值分别为 $h_{1sp}=4.24$ m，$h_{2sp}=4.06$ m，$h_{3sp}=3.84$ m。采用同样的补偿方法，系统在 23:20 时，对设定值进行了前馈补偿，将精矿品位和尾矿品位控制在目标值范围内。

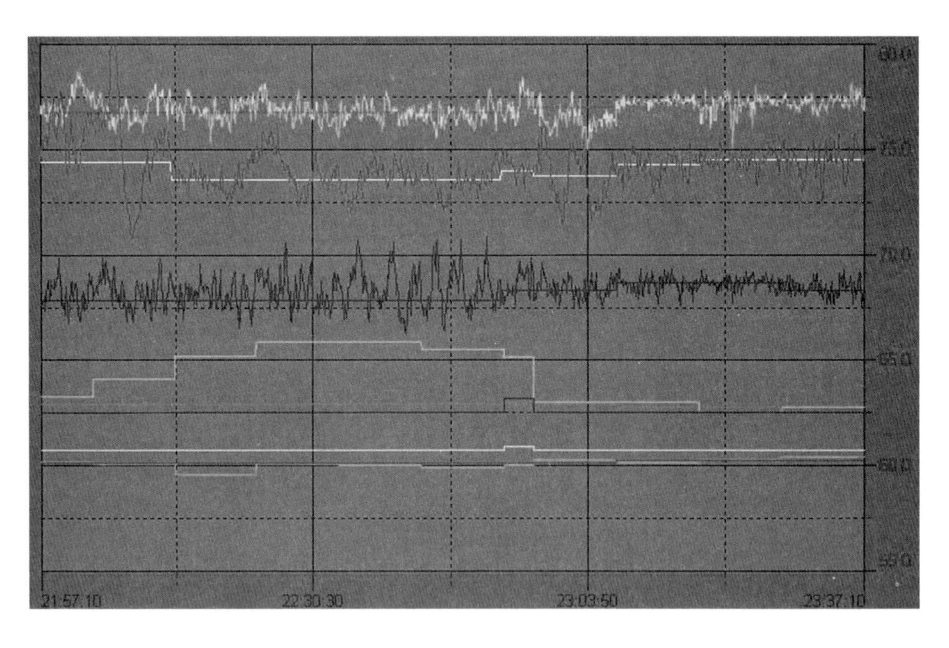

图 5.4　系统在 21:57—23:37 的运行曲线

表 5.3　系统在 23:06 时的边界条件

时间	$d(t)$	$\alpha(t)$	$D_T(t)$	$F_T(t)$	S_B
23:06	92.54	54.16	33.28	376.9	2

表 5.4　系统在 23:10 时的运行工况

时间	β^*	δ^*	β_{Soft}	δ_{Soft}	h_{1sp}	h_{1sp}	h_{1sp}
23:10	60.75	17.5	60.12	18.01	4.22	4.04	3.82

由图 5.4 运行结果比较可知，采用浮选机矿浆液位智能预设定方法能够按照精矿品位和尾矿品位控制目标给出正确的浮选机矿浆液位设定值。与采用人工控制方式相比，可以更有效地实现精矿品位和尾矿品位指标的控制。并且在边界条件扰动下，前馈补偿模型根据精矿品位和尾矿品位软测量和目标值的偏差，对浮选机矿浆液位设定值进行反馈补偿，确保将精矿品位和尾矿品位控制在目标范围内。

5.3.2 浮选机矿浆液位自适应解耦控制

将本书所提出的自适应解耦控制方法应用于浮选机矿浆液位控制系统，应用结果如下。

在本书所提方法应用于浮选矿浆液位控制系统之前，浮选机矿浆液位控制一直对每一个浮选机采用独立的 PI 控制器。图 5.5 和图 5.6 分别为当浮选入口矿浆流量发生变化时，采用原方法和本书所提方法的矿浆液位的变化趋势。

从图 5.5 可以看出，当首槽给矿矿浆流量从 348 m^3/h 增加到 375 m^3/h 时，所有浮选机的矿浆液位都产生较大波动，首槽矿浆液位从 4.2 m 增加到 4.35 m，第二槽液位从 4.02 m 增加到 4.16 m，第三槽液位从 3.83 m 增加到 3.95 m，而浮选机矿浆液位大的波动经常会造成浮选机“冒槽”和“不刮泡”等故障工况，降低了生产效率，导致有用金属流失。从图 5.6 可以看出，当采用本书所提的方法时，矿浆液位运行稳定，波动非常小，避免了故障工况的出现。

图 5.7 和图 5.8 分别为当浮选机矿浆液位设定值发生变化时，采用原方法和本书所提方法的控制效果。

从图 5.7 可以看出，当第二槽矿浆液位设定值 y_{2sp} 从 4.0 m 改变为 4.11 m 时，首槽液位和末槽液位也发生较大波动，首槽液位从 4.22 m 增加到 4.39 m，末槽液位从 3.85 m 增加到 3.95 m，其中首槽造成了浮选机内矿浆冒槽的故障

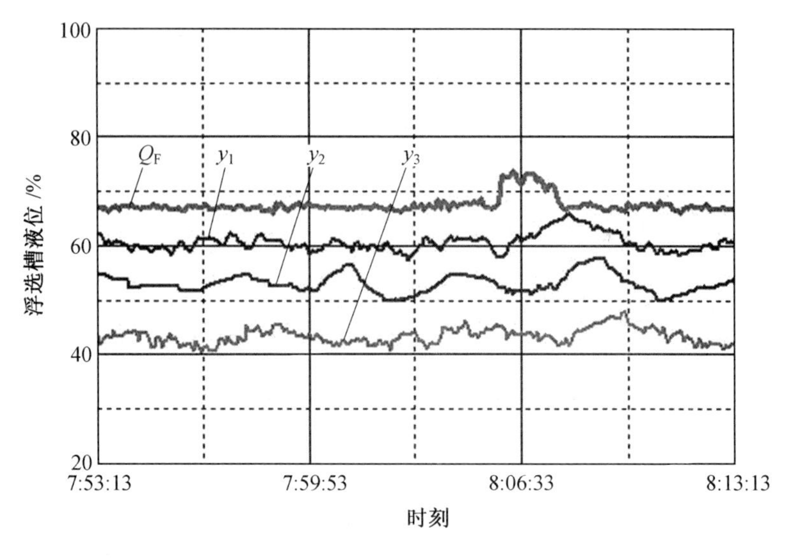

图 5.5　采用 PI 控制方法的控制效果

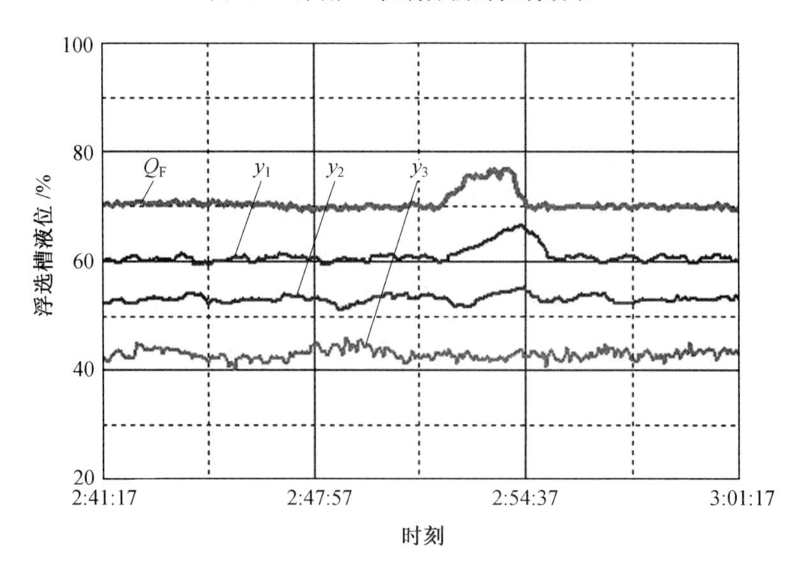

图 5.6　采用本书所提方法的控制效果

工况，导致有用金属流失。从以上分析可以得出，针对每一浮选槽采用单独的 PI 控制器的控制策略，难以保证矿浆液位快速有效地跟踪其设定值。

与针对每一个浮选槽矿浆液位采用单独的 PI 控制器的控制策略进行比较，本书所提方法能够保证每一浮选槽液位快速地跟踪其设定值，液位波动也在工

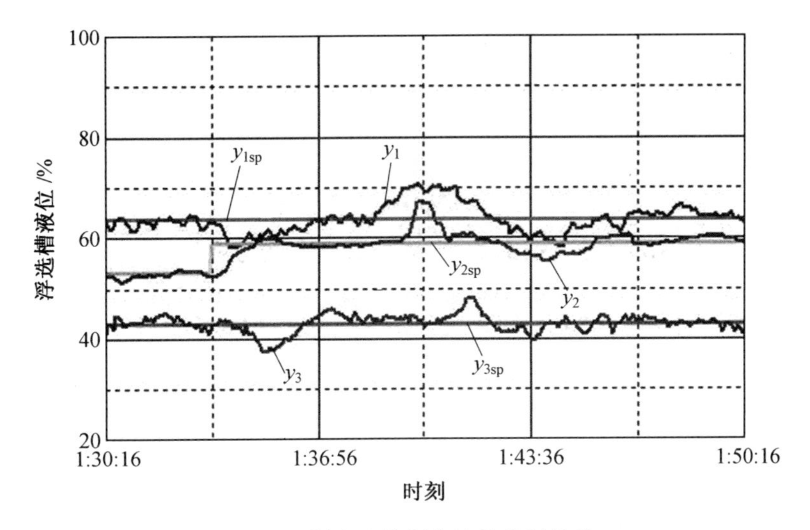

图 5.7 采用 PI 控制方法的控制效果

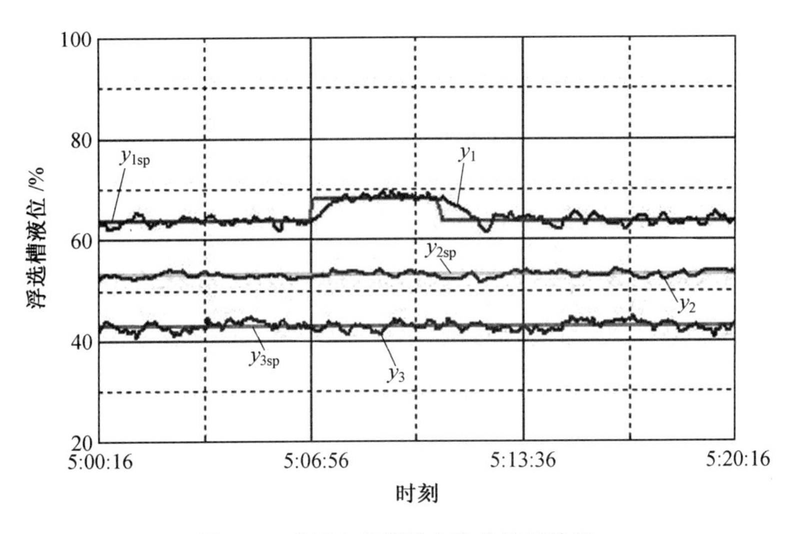

图 5.8 采用本书所提方法的控制效果

艺规定的范围内。其控制曲线如图 5.8 所示。

5.3.3 浓密过程底流矿浆浓度和流量区间智能切换控制

在本书所提方法应用于浓密过程计算机控制系统之前,该过程一直处于人工控制方式。采用人工控制方式及本书所提方法的底流矿浆流量设定值、底流矿浆流量、底流矿浆浓度的控制效果曲线分别如图 5.9 和图 5.10 所示。

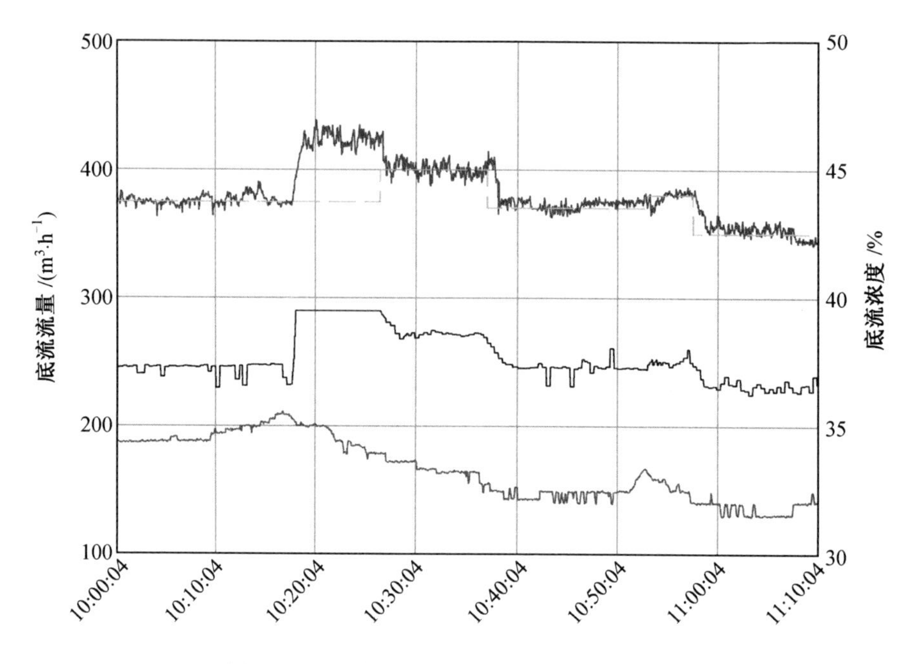

图 5.9 人工控制时底流流量和底流浓度曲线

从图 5.9 中可以看出，矿浆流量 $y_1(t)$ 在设定值 $y_{1sp}=375$ 附近波动，在 10:17时，由于浮选中矿矿浆出现较大的干扰，导致矿浆浓度 $y_2(t)$ 波动为 35.04%，超过了工艺规定的上限 35%。操作员将流量 PI 控制切换到手动控制，将底流矿浆泵转速调节到最大值 $u_{man}=980$ r/min，使流量从 375.6 m^3/h 增加到439.4 m^3/h，底流矿浆浓度逐渐降低，在 10:26 时，降低到 33.26%，回到了工艺规定的范围之内，操作员凭经验给出底流矿浆流量设定值 $y_{1sp}=400$，在 10:37时减少到 370。人工控制不能及时准确地切换手动控制和流量 PI 控制方式，导致底流矿浆浓度和底流矿浆流量发生较大波动，从 10:18 到 10:42，底流矿浆浓度在 31.8%～35.34%之间变化；在 10:16 到 10:24 时间段内，底流矿浆流量在382～439 m^3/h范围内变化，底流矿浆流量最大值为 439 m^3/h，超过了底流流量工艺规定的最大值 420 m^3/h，流量变化率最大值为 57 m^3/h，超过了流量变化率上限值 20 m^3/h。

从图 5.10 中可以看出，在 02:18 之前，底流矿浆浓度检测值在 32.7%～32.9%之间，此时 $|e_2(k)|\leqslant 0.5$，根据切换机制选择底流矿浆流量保持器，不调整底流矿浆流量设定值，流量设定值为 $y_{1sp}=386.21$ m^3/h，流量 PI 控制器跟踪设定值。在 02:18 时，浮选中矿干扰的影响，导致底流矿浆浓度降低为32.12%，

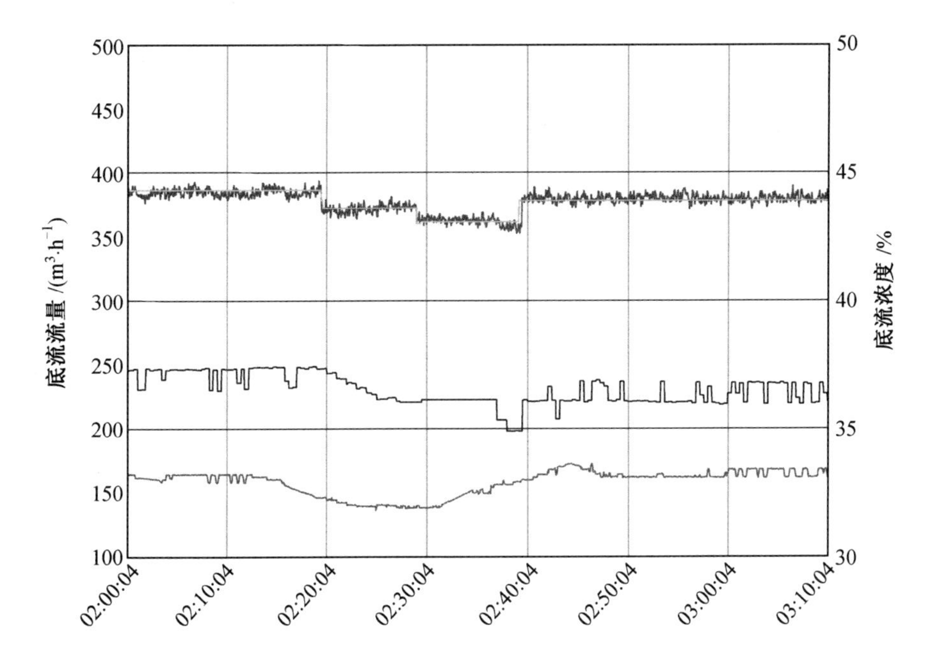

图 5.10 采用本书方法时底流流量和底流浓度曲线

流量为 372.61 m^3/h,浓度偏差为 $e_2(k)=0.88$,流量偏差为 $e_1(k)=7.39$,分别对应模糊论域 $E_2(k)=3$,$E_1(k)=1$,此时 $|e_2(k)|>0.5$,且 $e_2(k)\cdot\Delta e_2(k)>0$,根据切换机制选择模糊推理流量设定补偿器,得到 $\Delta y_{1sp}(k)=-6$,流量设定值 $y_{1sp}(k)=386-6=380\ m^3/h$,通过 PI 控制器调整底流泵转速,跟踪流量设定值。在 02:30 左右,浓度回到 $32.5\%\leqslant y_2(t)\leqslant 33.5\%$范围内,流量设定值不做调整。

表 5.5 和表 5.6 分别为人工控制时和采用区间智能切换控制方法时浓密机底流矿浆浓度、底流矿浆流量及其波动的变化范围。

表 5.5 人工控制时流量及变化率和浓度变化范围

参数	$y_1/(m^3\cdot h^{-1})$	$\lvert\Delta y_{1sp}\rvert/(m^3\cdot h^{-1})$	$y_2/\%$
最小值	345.2	5	31.5
最大值	439.4	49	35.34

表 5.6　自动控制时流量及变化率和浓度变化范围

参数	$y_1/(\mathrm{m}^3 \cdot \mathrm{h}^{-1})$	$\lvert \Delta y_{1sp} \rvert/(\mathrm{m}^3 \cdot \mathrm{h}^{-1})$	$y_2/\%$
最小值	358.4	5	31.9
最大值	396.7	12	33.7

由表 5.5 和表 5.6 看出，人工操作时常常出现底流矿浆浓度和矿浆流量超过目标值范围的情况，导致精矿品位降低，而采用区间智能切换控制方法能够将底流矿浆流量及其变化流量变化率、浓度的变化范围均控制在目标值范围内。

5.4　应用效果分析

该系统自 2007 年 12 月投入运行至今，其中球磨机负荷智能设定从 2008 年 5 月开始进行工业实验验证研究，运行效果表明：本书提出的由浮选机矿浆液位设定层和浮选机矿浆液位控制层组成的混合选别智能控制系统，当给矿粒度、给矿品位、浓密机底流矿浆浓度、浓密机底流矿浆流量和矿石性质边界条件发生变化时，浮选机矿浆液位设定层通过智能预设定模型、精矿品位和尾矿品位软测量模型、前馈补偿模型和反馈补偿模型设定和调整浮选机矿浆液位设定值，实现精矿品位和尾矿品位工艺指标的优化控制；浮选机矿浆液位自适应控制根据控制系统的性能指标，通过切换机制，实现线性自适应控制器和非线性自适应控制器的有效切换，在保证系统稳定的条件下，提高了系统的控制性能。另外，应用本书提出的混合选别浓密过程底流矿浆浓度和流量区间智能切换控制方法，当浮选中矿矿浆发生大而频繁波动时，智能切换控制方法自动识别系统工况，实现矿浆流量设定补偿器和矿浆流量设定保持器的有效切换，成功将底流矿浆浓度和矿浆流量及其波动控制在工艺规定的目标值范围内。上述系统的应用实现了混合选别全流程的自动控制，控制系统的投运率达到了 90%以上，从而实现了系统安全、稳定运行和将精矿品位和尾矿品位控制在工艺设定范围内，且尽可能提高精矿品位和降低尾矿品位的控制目标。

图 5.11 和图 5.12 分别是采用本书提出的球磨机负荷智能设定方法和操作员人工设定球磨机负荷方法，在 40 周时间内的运行指标的统计结果。

在实际生产过程中，精矿品位在[60,61]区间内认为精矿品位合格，尾矿品位在[0,23]区间内被认为合格。

从图 5.11 和图 5.12 可以看到，采用智能运行控制方法，根据边界条件和工

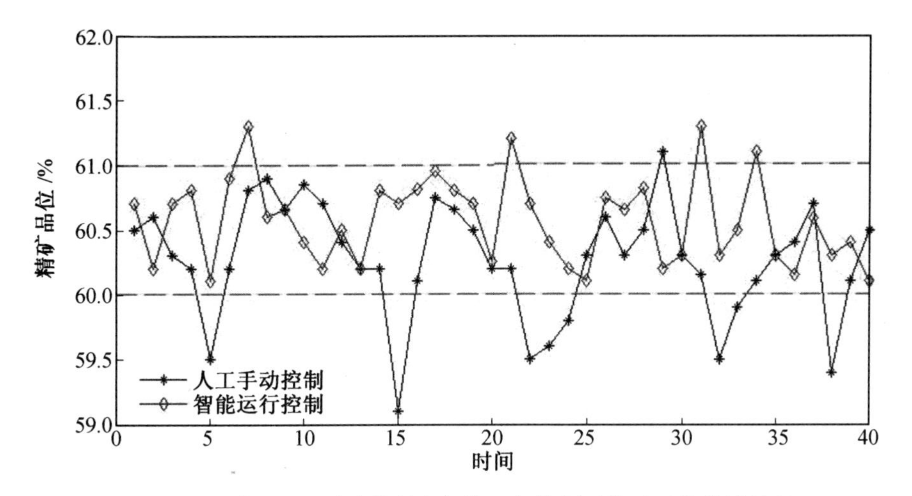

图 5.11 采用人工手动控制和智能运行控制时精矿品位统计结果

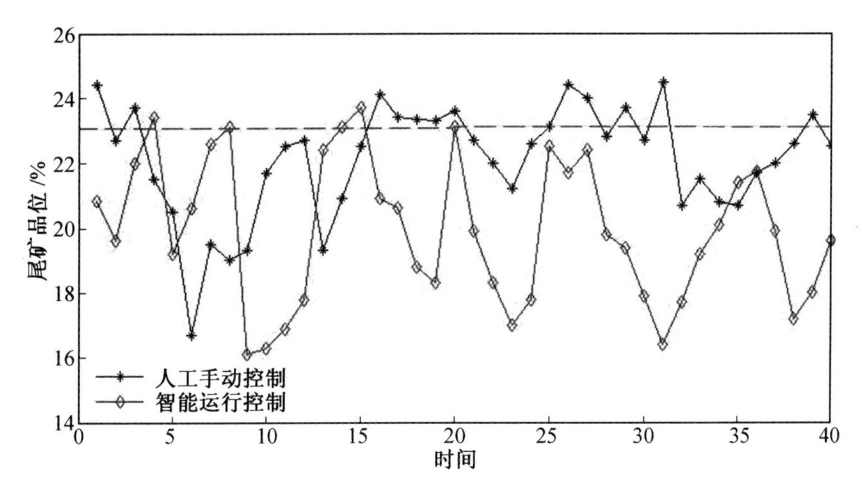

图 5.12 采用人工手动控制和智能运行控制时尾矿品位统计结果

艺指标目标值设定浮选机矿浆液位，并通过前馈补偿和反馈补偿策略，不断跟踪边界条件和工艺指标的变化，对浮选机矿浆液位设定值进行调整，以克服因边界条件变化对精矿品位和尾矿品位工艺指标的影响。精矿品位和尾矿品位大部分可以控制在品位合格所规定的范围内，其余的精矿品位和尾矿品位控制结果也在生产过程所允许的误差范围内。与之相比，采用人工设定球磨机负荷的生产结果可以看到，精矿品位和尾矿品位指标波动较大，常常出现精矿品位过低和尾矿品位过高的情况，超出了工艺规定的目标值范围，严重影响了产品质量和金属回收率。

为进一步分析精矿品位和尾矿品位控制效果，分别按式(5.1)和式(5.2)给出平均值指标 γ_{avg} 和方差指标 γ_{ms} 的比较结果。

$$x_{avg}=\frac{1}{m}\sum_{i=1}^{m}x_i \tag{5.1}$$

$$x_{ms}=\frac{1}{m-1}\sum_{i=1}^{m}\left|x_i-x_{avg}\right|^2 \tag{5.2}$$

计算结果如表5.7所示。

表5.7 人工操作和智能运行控制方法工艺技术指标统计分析结果

统计指标	精矿品位/%		尾矿品位/%	
	人工控制	智能优化控制	人工控制	智能优化控制
平均值	60.26	60.57	22.11	19.93
方差	0.2026	0.1133	4.9624	2.9383

由表5.7可以看到，采用智能运行控制方法，精矿品位指标的平均值控制在60.57%，基本接近目标范围上限，与人工控制时的60.26%相比，精矿品位提高了0.31%；方差指标为0.113 3，低于人工控制时的0.202 6，与人工控制方法相比精矿品位的波动明显减小；尾矿品位指标的平均值控制在19.93%，与人工控制时的22.11%相比，尾矿品位降低了2.18%；方差指标为2.938 3，低于人工控制时的4.962 4。说明尾矿品位与人工控制方式相比，与工艺规定的上限值的距离更远，而且与人工控制方式相比，尾矿品位波动明显减小。上述系统的长期运行明显改善了混合选别全流程控制效果，在该类混合选别系统的推广使用中具有广泛的应用前景。

5.5 本章小结

本章介绍了混合选别全流程智能控制系统在酒钢选矿厂“提质降杂改造项目”的工程应用情况。长期应用效果表明在矿石性质、矿石粒度、浓密矿浆浓度和浓密矿浆流量频繁扰动的条件下，采用浓密机底流矿浆浓度和流量区间智能切换控制能够将生产边界条件矿浆浓度和矿浆流量控制在工艺规定的范围内；采用浮选机矿浆液位自适应解耦控制方法能够将粗选浮选机、精选浮选机和扫选浮选机的矿浆液位控制在其设定值附近；并采用浮选机矿浆液位智能设定方法将精矿品位和尾矿品位控制在工艺技术指标目标值范围内。采用智能控制系统实现了该生产过程的自动控制、优化控制、优化运行和优化管理，保证了精矿品位和尾矿品位在工艺设定范围内稳定运行,提高了产品质量和产量,降低了能耗,提高了企业经济效益和企业竞争力,取得了显著的应用效果。

参考文献

[1] KLIMA M S. Mineral processing technology (7th edition)[J]. International journal of mineral processing, 2007, 81(4): 256-257.

[2] 胡为柏. 浮选[M]. 2 版. 北京：冶金工业出版社，1989.

[3] LAURILA H, KARESVUORI J, TIILI O. Strategies for instrumentation and control of flotation circuits[J]. Mineral processing plant design, practice and control,2002(2):2174-2195.

[4] SHEAN B J, CILLIERS J J. A review of froth flotation control[J]. International journal of mineral processing, 2011, 100(3/4): 57-71.

[5] 中信重工. 我研制世界最大最先进球磨机[J]. 有色设备，2009(4):57.

[6] 赵庆国，张明贤. 水力旋流器分离技术[M]. 北京：化学工业出版社，2003.

[7] 罗茜. 固液分离[M]. 北京：冶金工业出版社，1997.

[8] 丘继存. 选矿学[M]. 北京：冶金工业出版社，1987.

[9]《选矿设计手册》编委会. 选矿设计手册[M]. 北京：冶金工业出版社，1988.

[10] FARROW J B, FAWELL P D, JOHNSTON R R M, et al. Recent developments in techniques and methodologies for improving thickener performance[J]. Chemical engineering journal, 2000, 80(1/2/3): 149-155.

[11] 王瑞红. 提高浓密机效率的最佳途径[J]. 湖南有色金属，2004，20(1)：49-53.

[12] ISON C R, IVES K J. Removal mechanisms in deep bed filtration[J]. Chemical engineering science, 1969, 24(4): 717-729.

[13] DIEHL S. A regulator for continuous sedimentation in ideal clarifier - thickener units[J]. Journal of engineering mathematics, 2008, 60(3): 265-291.

[14] 陈红叶. 云岗矿选煤厂煤泥水处理工艺浅析[J]. 选煤技术，2002(2)：18-20.

[15] 霍明，杨慧. 现有大型浓密机高效化研究[J]. 矿冶工程，1994，14(4)：27-30.

[16] 周振，吴志超，顾国维，等. 沉淀池污泥层高度的模拟与控制[J]. 中国环境科学，2008，28(3)：274-278.
[17] 张维鑫，白怀磊. 结晶浓缩沉降槽设计及在氧化铝生产流程中应用[J]. 轻金属，2010(3)：13-16.
[18] 黄亚军. 烧结法高浓度浆液絮凝沉降相关基础理论研究[D]. 长沙：中南大学，2010.
[19] 周高云，陈定洲，罗家珂，等. 沉降赤泥的高效絮凝剂的应用研究[J]. 矿冶，2003，12(2)：41-44.
[20] 林奇. 浮选回路的模拟和控制[M]. 国民，元力，译. 北京：中国建筑工业出版社，1986.
[21] 郭梦熊. 浮选[M]. 徐州：中国矿业大学出版社，1989.
[22] 朱建光. 浮选药剂[M]. 北京：冶金工业出版社，1993.
[23] 邓海波，胡岳华. 我国有色金属矿浮选技术进展[J]. 国外金属矿选矿，2001，38(4)：2-5.
[24] 李永聪，赵振才. 用唐钢石人沟铁精矿生产超级精矿[J]. 化工矿物与加工，1997，26(4)：17-19.
[25] 孙平. 鞍钢弓长岭选矿厂“提铁降硅”改造的实践[J]. 金属矿山，2002(12)：41-43.
[26] 张明，刘明宝，印万忠，等. 东鞍山含碳酸盐难选铁矿石分步浮选工艺研究[J]. 金属矿山，2007(9)：62-64.
[27] 汤健，柴天佑，赵立杰，等. 基于振动频谱的磨矿过程球磨机负荷参数集成建模方法[J]. 控制理论与应用，2012，29(2)：183-191.
[28] 周平，岳恒，赵大勇，等. 基于案例推理的软测量方法及在磨矿过程中的应用[J]. 控制与决策，2006，21(6)：646-650.
[29] 丁进良，岳恒，齐玉涛，等. 基于遗传算法的磨矿粒度神经网络软测量[J]. 仪器仪表学报，2006，27(9)：981-984.
[30] 张晓东，王伟，王小刚. 选矿过程神经网络粒度软测量方法的研究[J]. 控制理论与应用，2002，19(1)：85-88.
[31] 王会清，韩艳玲. 基于铜矿浮选过程控制的数学模型研究[J]. 云南冶金，2003，32(4)：11-14.
[32] 王雅琳，欧文军，阳春华，等. 基于 PCA 和改进 BP 神经网络的浮选精矿品位在线预测[C]. 中国控制会议，2010.
[33] 耿增显，柴天佑. 基于 LS-SVM 的浮选过程工艺技术指标软测量[J]. 系

统仿真学报，2008，20(23)：6321-6324.
[34] 张勇，王介生. 基于PCA-RBF神经网络的浮选过程软测量建模[J]. 南京航空航天大学学报，2006，38(S1)：116-119.
[35] 张勇，王介生，王伟，等. 浮选生产过程经济技术指标的软测量建模[J]. 控制工程，2005，12(4)：346-348.
[36] EPSTEIN B. The mathematical description of certain breakage mechanisms leading to the logarithmico-normal distribution[J]. Journal of the franklin institute, 1947, 244(6):471-477.
[37] BROADBENT S R, CALLCOTT T G. Coal breakage processes. I. A new analysis of coal breakage processes[J]. Philosophical transactions of the royal society of London. Series A, Mathematical and physical sciences, 1956,249(960):99-123.
[38] 盖国胜，陈炳辰. 粉磨过程数学模型及过程优化研究评述[J]. 金属矿山，1995(1)：28-32.
[39] 盖国胜. 球磨过程无因次量群及数学模型组[J]. 矿冶工程，1994，14(2)：22-32.
[40] FUERSTENAU D W, PHATAK P B, KAPUR P C, et al. Simulation of the grinding of coarse/fine (heterogeneous) systems in a ball mill[J]. International journal of mineral processing, 2011, 99(1/2/3/4): 32-38.
[41] 陈炳辰. 磨矿原理[M]. 北京：冶金工业出版社，1989：195-199.
[42] 凯利，斯波蒂斯伍德. 选矿导论[M]. 胡力行，等译. 北京：冶金工业出版社，1989.
[43] 王之瑛. 改进高效浓密工艺和装备是降低生产成本的有效途径[J]. 湖南有色金属，1995(5)：24-27.
[44] BÜRGER R, CONCHA F, KARLSEN K H, et al. Numerical simulation of clarifier-thickener units treating ideal suspensions with a flux density function having two inflection points[J]. Mathematical and computer modelling, 2006, 44(3/4): 255-275.
[45] 张崇力. 赤泥沉降槽控制系统的设计[J]. 中国有色冶金，2007，36(4)：53-54.
[46] 杨慧，陈述文. ϕ50m大型浓密机的自动控制[J]. 金属矿山，2002,318(12)：38-40.
[47] 谢意. 浓密机矿浆浓缩面积的确定方法[J]. 矿冶工程，1997，17(2)：

40-43.
[48] 屈秋霞. 浓密过程计算机控制系统设计与开发[D]. 沈阳：东北大学，2010.
[49] 董宪辉. CCD逆流洗涤过程计算机控制系统设计与开发[D]. 沈阳：东北大学，2010.
[50] 刘晓东. 沉降槽泥层界面检测仪的应用[J]. 自动化与仪器仪表，2007，129(1)：52-53.
[51] 井出哲夫. 水处理工程理论与应用[M]. 张自杰，等译. 北京：中国建筑工业出版社，1986.
[52] 王旭. 针对浓密机泥层高度的偏最小二乘建模及其校正方法研究[D]. 沈阳：东北大学，2010.
[53] SCHUHMANN R. Flotation kinetics. I. Methods for steady-state study of flotation problems[J]. J phys chem，2002，46(8)：891-902.
[54] KELSALL D F. Application of probability in the assessment of flotation systems[J]. Trans inst min met，1961，70(3)：191-204.
[55] MAZUMDAR M. Statistical discrimination of flotation models based on batch flotation data[J]. International journal of mineral processing，1994，42(1/2)：53-73.
[56] POLAT M，CHANDER S. First-order flotation kinetics models and methods for estimation of the true distribution of flotation rate constants [J]. International journal of mineral processing，2000，58(1/2/3/4)：145-166.
[57] MATHE Z T，HARRIS M C，O'CONNOR C T，et al. Review of froth modelling in steady state flotation systems[J]. Minerals engineering，1998，11(5)：397-421.
[58] FETERIS S M，FREW J A，JOWETT A. Modelling the effect of froth depth in flotation[J]. International journal of mineral processing，1987，20(1/2)：121-135.
[59] KIRJAVAINEN V M. Application of a probability model for the entrainment of hydrophilic particles in froth flotation[J]. International journal of mineral processing，1989，27(1/2)：63-74.
[60] SMITH P G，WARREN L J. Entrainment of particles into flotation froths[J]. Mineral processing & extractive metallurgy review，1989，5

(1/2/3/4)：123-145.

[61] MATHE Z T, HARRIS M C, O'CONNOR C T. A review of methods to model the froth phase in non-steady state flotation systems [J]. Minerals engineering, 2000, 13(2)：127-140.

[62] AGAR G E, CHIA J, REQUIS-C L. Flotation rate measurements to optimize an operating circuit [J]. Minerals engineering, 1998, 11(4)：347-360.

[63] HARRIS C, RIMMER H. Study of a two-phase model of the flotation process[J]. Trans inst min met,1966(75):153-162.

[64] MURPHY D G, ZIMMERMAN W, WOODBURN E T. Kinematic model of bubble motion in a flotation froth [J]. Powder technology, 1996, 87(1)：3-12.

[65] HANUMANTH G S, WILLIAMS D J A. A three-phase model of froth flotation[J]. International journal of mineral processing, 1992, 34(4)：261-273.

[66] CASALI A, GONZALEZ G, AGUSTO H, et al. Dynamic simulator of a rougher flotation circuit for a copper sulphide ore [J]. Minerals engineering, 2002, 15(4)：253-262.

[67] PERSECHINI M A M, JOTA F G, PERES A E C. Dynamic model of a flotation column [J]. Minerals engineering, 2000, 13 (14/15)：1465-1481.

[68] PÉREZ-CORREA R, GONZÁLEZ G, CASALI A, et al. Dynamic modelling and advanced multivariable control of conventional flotation circuits[J]. Minerals engineering, 1998, 11(4)：333-346.

[69] GUPTA S, LIU P H, SVORONOS S A, et al. Hybrid first-principles/neural networks model for column flotation[J]. Aiche journal, 1999, 45 (3)：557-566.

[70] CALVERT J R, NEZHATI K. A rheological model for a liquid-gas foam [J]. International journal of heat and fluid flow, 1986, 7(3)：164-168.

[71] NEETHLING S J, CILLIERS J J. Simulation of the effect of froth washing on flotation performance [J]. Chemical engineering science, 2001, 56(21/22)：6303-6311.

[72] SHI F N, ZHENG X F. The rheology of flotation froths [J].

International journal of mineral processing, 2003,69(1/2/3/4): 115-128.
[73] LEAL FILHO L S, SEIDL P R, CORREIA J C G, et al. Molecular modelling of reagents for flotation processes[J]. Minerals engineering, 2000, 13(14/15): 1495-1503.
[74] BAZIN C, PROULX M. Distribution of reagents down a flotation bank to improve the recovery of coarse particles[J]. International journal of mineral processing, 2001, 61(1): 1-12.
[75] 钱鑫. 选矿过程检测技术[M]. 重庆：重庆大学出版社，1991.
[76] 杨恒书，李寿松. Courier 6SL 分析仪在选矿中的应用[J]. 云南冶金，2008, 37(3): 25-28+31.
[77] 方原柏. AMDEL 载流分析仪的固态探头[J]. 分析仪器，1993(3): 53-55.
[78] 徐应军，陈文川. BYF100-Ⅲ型载流 X 射线荧光分析仪在厂坝铅锌矿的应用[J]. 甘肃冶金，2006, 28(3): 137-138.
[79] 黄菁华. 提高 X 荧光分析测量准确性的实践[J]. 金属矿山，2008(1): 144-145.
[80] 任传成，杨建国. 浮选过程精矿品位软测量技术的研究进展[J]. 矿山机械，2013, 41(8): 8-12.
[81] 张志军，刘炯天，冯莉. 一种确定选矿指标的经济分析方法[J]. 东北大学学报(自然科学版)，2010, 31(2): 269-272.
[82] 赵新华，王光辉，匡亚莉，等. 基于 SVMR 的煤泥浮选智能优化控制系统研究[J]. 矿山机械，2012, 40(8): 78-81.
[83] GONZALEZ G D, ORCHARD M, CERDA J L, et al. Local models for soft-sensors in a rougher flotation bank[J]. Minerals engineering, 2003, 16(5): 441-453.
[84] DAYAL B S, MACGREGOR J F. Recursive exponentially weighted PLS and its applications to adaptive control and prediction[J]. Journal of process control, 1997, 7(3): 169-179.
[85] LEQUIN O, GEVERS M, MOSSBERG M, et al. Iterative feedback tuning of PID parameters: comparison with classical tuning rules[J]. Control engineering practice, 2003, 11(9): 1023-1033.
[86] 赫尔伯特，王庆凯，李长根. 选矿过程的建模、控制和仿真[J]. 国外金属矿选矿，2004, 41(3): 27-33.

[87] 吴熙群. 选矿厂浮选过程的控制[J]. 国外金属矿选矿，1995，36(1)：43-53.

[88] 亚纳托斯. 浮选设备的设计、建模和控制[J]. 国外金属矿选矿，2004，41(4)：19-24.

[89] ROESCH M，RAGOT J，DEGOUL P. Modeling and control in the mineral processing industries[J]. International journal of mineral processing，1976，3(3)：219-246.

[90] MCKEE D J. Automatic flotation control- a review of 20 years of effort[J]. Minerals engineering，1991，4(7/8/9/10/11)：653-666.

[91] GUPTA A，YAN D S. Mineral processing design and operation[J]. 中国化学工程学报：英文版，2008，16(5)：732.

[92] STENLUND B，MEDVEDEV A. Level control of cascade coupled flotation tanks[J]. Control engineering practice，2002，10(4)：443-448.

[93] KÄMPJÄRVI P，JÄMSÄ-JOUNELA S L. Level control strategies for flotation cells[J]. Minerals engineering，2003，16(11)：1061-1068.

[94] STENLUND B. Supervision of control valves in a series of cascade coupled flotation tanks[J]. Ifac proceedings volumes，2001，34(27)：57-62.

[95] QIN S J，BADGWELL T A，ENGINEERS A I O C. An overview of industrial model predictive control technology[C]. International conference on chemical process control. 1997

[96] JAMSA-JOUNELA S L，DIETRICH M，HALMEVAARA K，et al. Control of pulp levels in flotation cells[J]. Control engineering practice，2003，11(1)：73-81.

[97] SUPOMO A，YAP E，ZHENG X，et al. PT Freeport Indonesia's mass-pull control strategy for rougher flotation[J]. Minerals engineering，2008，21(12/13/14)：808-816.

[98] GHOSE M K，SEN P K. Characteristics of iron ore tailing slime in India and its test for required pond size[J]. Environmental monitoring and assessment，2001，68(1)：51-61.

[99] AVOY T M，JOUNELA S L J，Patton R，et al. Milestone report for area 7 industrial applications[J]. Control engineering practice，2004，12(1)：113-119.

[100] PABLO SEGOVIA J, CONCHA F, SBARBARO D. On the control of sludge level and underflow concentration in industrial thickeners[J]. IFAC proceedings volumes, 2011, 44(1): 8571-8576.

[101] SIDRAK Y L. Control of the thickener operation in alumina production [J]. Control engineering practice, 1997, 5(10): 1417-1426.

[102] KOLODNER J L. An introduction to case-based reasoning [J]. Artificial intelligence review, 1992, 6(1): 3-34.

[103] RISEBECK C K, SCHANK R C. Inside case-based reasoning [M]. Oxfordshire:Psychology Press, 2013.

[104] 谭明皓，柴天佑. 基于案例推理的层流冷却过程建模[J]. 控制理论与应用，2005，22(2)：248-253.

[105] 片锦香，柴天佑. 热轧带钢层流冷却过程混合智能控制方法[J]. 东北大学学报(自然科学版)，2009，30(11)：1534-1537.

[106] 乔景慧，周晓杰，柴天佑. 水泥生料预分解过程智能优化设定控制[J]. 控制理论与应用，2011，28(11)：1534-1540.

[107] 杨辉，柴天佑. 稀土萃取分离过程的优化设定控制[J]. 控制与决策，2005，20(4)：398-402.

[108] CHAI T Y, DING J L, WU F H. Hybrid intelligent control for optimal operation of shaft furnace roasting process[J]. Control engineering practice, 2011, 19(3):264-275.

[109] GERAGHTY P J. Environmental assessment and the application of expert systems: An overview [J]. Journal of environmental management, 1993, 39(1): 27-38.

[110] SRINIVASAN R, ENGEL B A, PAUDYAL G N. Expert system for irrigation management (ESIM)[J]. Agricultural systems, 1991, 36(3): 297-314.

[111] MACCALLUM K J. Does intelligent CAD exist? [J]. Artificial intelligence in engineering, 1990, 5(2): 55-64.

[112] RADA R, BARLOW J, ZANSTRA P, et al. Expertext for medical care and literature retrieval[J]. Artificial intelligence in medicine, 1990, 2(6): 341-355.

[113] TAYLOR J, FREDERICK D. An expert system architecture for computer-aided control engineering[J]. Proceedings of the IEEE, 1985,

72(12): 1795-1805.

[114] HAKMAN M, GROTH T. KBSIM: A system for interactive knowledge-based simulation[J]. Computer methods and programs in biomedicine, 1991, 34(2/3): 91-113.

[115] RUSS T A. Use of data abstraction methods to simplify monitoring[J]. Artificial intelligence in medicine, 1995, 7(6): 497-514.

[116] STREICHFUSS M, BURGWINKEL P. An expert-system-based machine monitoring and maintenance management system[J]. Control engineering practice, 1995, 3(7): 1023-1027.

[117] ARENDT R. The application of an expert system for simulation investigations in the aided design of ship power systems automation[J]. Expert systems with applications, 2004, 27(3): 493-499.

[118] LINKENS D A, CHEN M. Expert control systems—I. Concepts, characteristics and issues [J]. Engineering applications of artificial intelligence, 1995, 8(4): 413-421.

[119] ÅSTRÖM K J, HANG C C, PERSSON P, et al. Towards intelligent PID control[J]. Automatica, 1992, 28(1): 1-9.

[120] TREESATAYAPUN C, UATRONGJIT S. Adaptive controller with fuzzy rules emulated structure and its applications[J]. Engineering applications of artificial intelligence, 2005, 18(5): 603-615.

[121] FINK A, FISCHER M, NELLES O, et al. Supervision of nonlinear adaptive controllers based on fuzzy models[J]. Control engineering practice, 2000, 8(10): 1093-1105.

[122] BÖLING J M, SEBORG D E, HESPANHA J P. Multi-model adaptive control of a simulated pH neutralization process[J]. Control engineering practice, 2007, 15(6): 663-672.

[123] FAN G Q, REES N W. An intelligent expert system (KBOSS) for power plant coal mill supervision and control[J]. Control engineering practice, 1997, 5(1): 101-108.

[124] WU M, NAKANO M, SHE J H. A model-based expert control system for the leaching process in zinc hydrometallurgy[J]. Expert systems with applications, 1999, 16(2): 135-143.

[125] YEH Z M. Adaptive multivariable fuzzy logic controller[J]. Fuzzy sets

and systems, 1997, 86(1): 43-60.

[126] 卡瓦纳. 钢铁工业技术开发指南[M]. 北京: 科学出版社, 2000.

[127] DOW R M, PALLASCHKE S, MERRI M, et al. Overview of the knowledge management system in ESA/ESOC[J]. Acta astronautica, 2008, 63(1/2/3/4): 448-457.

[128] BERGH L G, YIANATOS J B, LEIVA C A. Fuzzy supervisory control of flotation columns[J]. Minerals engineering, 1998, 11(8): 739-748.

[129] SRINIVASAN R, DIMITRIADIS V D, SHAH N, et al. Integrating knowledge-based and mathematical programming approaches for process safety verification[J]. Computers & chemical engineering, 1997, 21: S905-S910.

[130] WEN C H, VASSILIADIS C A. Applying hybrid artificial intelligence techniques in wastewater treatment[J]. Engineering applications of artificial intelligence, 1998, 11(6): 685-705.

[131] WILLIAMS T J. A reference model for computer integrated manufacturing from the viewpoint of industrial automation[J]. IFAC Proceedings Volumes, 1990, 23(8): 281-291.

[132] SANDERS D A, HUDSON A D. A specific blackboard expert system to simulate and automate the design of high recirculation airlift reactors [J]. Mathematics and computers in simulation, 2000, 53(1/2): 41-65.

[133] OH K W, QUEK C. BBIPS: A blackboard-based integrated process supervision[J]. Engineering applications of artificial intelligence, 2001, 14 (6): 703-714.

[134] QUEK C, WAHAB A. Real-time integrated process supervision[J]. Engineering applications of artificial intelligence, 2000, 13 (6): 645-658.

[135] JAGER R, VERBRUGGEN H B, BRUIJN P M, et al. Real-time fuzzy expert control[C]. International conference on control. IEE, 2002.

[136] CAIA Z X, WANGB Y N, CAIA J F. A real-time expert control system[J]. Artificial intelligence in engineering, 1996, 10(4): 317-322.

[137] FEIGENBAUM E A, CLANCEY W J. Knowledge engineering, objectives and direction[J]. Mathematical sciences, 1981, (4): 11-20.

[138] SHIUE W, LI S T, CHEN K J. A frame knowledge system for

managing financial decision knowledge [J]. Expert systems with applications, 2008, 35(3): 1068-1079.

[139] LIN S C, TSENG S S, TENG C W. Dynamic EMCUD for knowledge acquisition[J]. Expert systems with applications, 2008, 34(2): 833-844.

[140] PODGORELEC V, KOKOL P, STIGLIC M M, et al. Knowledge discovery with classification rules in a cardiovascular dataset [J]. Computer methods and programs in biomedicine, 2005, 80(Suppl 1): S39-S49.

[141] VALLS A, BATET M, LÓPEZ E M. Using expert's rules as background knowledge in the ClusDM methodology [J]. European journal of operational research, 2009, 195(3): 864-875.

[142] KOYAMA H, MANABE K I. Virtual processing in intelligent BHF control deep drawing[J]. Journal of materials processing technology, 2003, 143: 261-265.

[143] 朱德庆，唐艳云，VINICIUS MENDES，等. 巴西镜铁矿球团前的高压辊磨预处理[J]. 金属矿山，2008(4): 67-70.

[144] 石云良，曾克文，周光俊，等. 正-反浮选新工艺处理美国蒂尔登铁矿石[J]. 国外金属矿山，1998，23(4): 52-54.

[145] 杨顺梁，林任英. 选矿知识问答[M]. 修订版. 北京: 冶金工业出版社，1988.

[146] 柴天佑，丁进良，王宏，等. 复杂工业过程运行的混合智能优化控制方法[J]. 自动化学报，2008，34(5): 505-515.

[147] 何丽萍，罗仙平，付丹，等. 浮选作业浓度对锌选矿回收率的影响[J]. 有色金属(选矿部分)，2009(1): 1-3.

[148] 徐小革，陆占国，孙长胜. 微细粒赤铁矿反浮选工艺研究[C]. 第八届(2011)中国钢铁年会论文集，2011.

[149] 张海军，刘炯天，王永田，等. 磁铁矿浮选柱阳离子反浮选试验研究[J]. 中国矿业大学学报，2008，37(1): 67-71.

[150] 王毓华. 物料粒度组成对铝土矿反浮选的影响[J]. 金属矿山，2002(8): 29-31.

[151] 张敏，张建强，刘炯天，等. 浮选柱泡沫层检测控制系统的研究[J]. 矿山机械，2010，38(19): 107-110.

[152] BANFORD A W, AKTAS Z. The effect of reagent addition strategy on the performance of coal flotation[J]. Minerals engineering, 2004, 17(6): 745-760.

[153] 瓦连塔，汪镜亮，雨田. 优选药剂制度优化精矿品位和回收率[J]. 国外金属矿选矿，2007，44(12)：35-39.

[154] 帕皮里. 矿石的阳离子浮选：胺的性质和行为[J]. 国外金属矿选矿，2001,38(8)：27-30.

[155] 葛英勇，陈达，余永富. 耐低温阳离子捕收剂 GE-601 反浮选磁铁矿的研究[J]. 金属矿山，2004(4)：32-34.

[156] 葛英勇，余永富，陈达，等. 脱硅耐低温捕收剂 GE-609 的浮选性能研究[J]. 武汉理工大学学报，2005，27(8)：17-19.

[157] PHILIP T. Process control in metallurgical plants - from an xstrata perspective[J]. IFAC proceedings volumes, 2007, 40(11): 377-389.

[158] SHINSKEY F G. Process control system[M]. 4th ed. New York: McGraw Hill Book Company, 1996.

[159] KIM B H, KLIMA M S. Development and application of a dynamic model for hindered-settling column separations [J]. Minerals engineering, 2004, 17(3): 403-410.

[160] ZHENG Y Y. Mathematical model of anaerobic processes applied to the anaerobic sequencing batch reactor [D]. Toronto: University of Toronto, 2003.

[161] HOUSEMAN L A, SCHUBERT J H, HART J R, et al. PlantStar 2000: a plant-wide control platform for minerals processing [J]. Minerals engineering, 2001, 14(6): 593-600.

[162] CHAI T Y, TAN M H, CHEN X Y. Intelligent optimization control for laminar cooling [C]. Proceeding of the 15th IFAC World Congress, 2002.

[163] CHAI T Y, DING J L. Integrated automation system for hematite ores processing and its applications[J]. Measurement and control, 2006, 39(5): 140-146.

[164] BECERIKLI Y, KONAR A F, SAMAD T. Intelligent optimal control with dynamic neural networks[J]. Neural networks, 2003, 16(2): 251-259.

[165] ROWE W B, CHEN Y N, MORUZZI J L, et al. A generic intelligent control system for grinding[J]. Computer integrated manufacturing systems, 1997, 10(3): 231-241.

[166] 蔡杰进，马晓茜. 电站燃煤机组煤粉细度优化分析[J]. 锅炉技术，2006，37(5)：39-43.

[167] HUANG C C, TSENG T L. Rough set approach to case-based reasoning application[J]. Expert systems with applications, 2004, 26(3): 369-385.

[168] LEE C C. Fuzzy logic in control systems: fuzzy logic controller. I[J]. Systems man and cybernetics IEEE Transactions on, 1990, 20(2): 404-418.

[169] ZIMMERMANN H J. Fuzzy set theory-and its applications[M]. 4th ed. Dordrecht: Kluwer Academic Publishers, 2001.

[170] SEURANEN T, HURME M, PAJULA E. Synthesis of separation processes by case-based reasoning [J]. Computers & chemical engineering, 2005, 29(6): 1473-1482.

[171] DUTTA S, WIERENGA B, DALEBOUT A. Case-based reasoning systems: from automation to decision-aiding and simulation[J]. IEEE transactions on knowledge and data engineering, 1997, 9(6): 911-922.

[172] WAGNER W P, OTTO J, CHUNG Q B. Knowledge acquisition for expert systems in accounting and financial problem domains [J]. Knowledge-based systems, 2002, 15(8): 439-447.

[173] FORTUNA L, GRAZIANI S, XIBILIA M G. Soft sensors for product quality monitoring in debutanizer distillation columns [J]. Control engineering practice, 2005, 13(4): 499-508.

[174] 柴天佑，李小平，周晓杰，等. 基于三层结构的金矿企业现代集成制造系统[J]. 控制工程，2003，10(1)：18-22＋32.

[175] XING G S, DING J L, CHAI T Y, et al. Hybrid intelligent parameter estimation based on grey case-based reasoning for laminar cooling process[J]. Engineering applications of artificial intelligence, 2012, 25(2): 418-429.

[176] CHAI T Y, LIU J X, DING J L, et al. Hybrid intelligent optimising control for high-intensity magnetic separating process of hematite ore

[J]. Measurement and control, 2007, 40(6): 171-175.

[177] AHN H, KIM K J. Global optimization of case-based reasoning for breast cytology diagnosis[J]. Expert systems with applications, 2009, 36(1): 724-734.

[178] HUMPHREYS P, MCIVOR R, CHAN F. Using case-based reasoning to evaluate supplier environmental management performance[J]. Expert systems with applications, 2003, 25(2): 141-153.

[179] KROVVIDY S, WEE W. Wastewater treatment systems from case-based reasoning[J]. Machine learning, 1993, 10(3): 341-363.

[180] RIORDAN D, HANSEN B. A fuzzy case-based system for weather prediction[J]. International journal of engineering intelligent systems for electrical engineering and communications, 2002, 10(3): 139-146.

[181] AAMODT A, PLAZA E. Case-based reasoning: foundational issues, methodological variations, and system approaches [J]. Ai communications, 1994, 7(1):39-59.

[182] WATSON I. Case-based reasoning is a methodology not a technology [J]. Knowledge-based systems, 1999, 12(5/6): 303-308.

[183] RIESBECK, SCHANK C. Inside case-based reasoning[J]. Lawrence erlbaum associates, 1993,93(4):610-611.

[184] BRANTING K. Integrating rules and precedents for classification and explanation: automating legal analysis[J]. Thesis university of texas at austin, 1991, 90(6): 995-998.

[185] PARK C S, HAN I. A case-based reasoning with the feature weights derived by analytic hierarchy process for bankruptcy prediction[J]. Expert systems with applications, 2002, 23(3): 255-264.

[186] MCAVOY T J. Contemplative stance for chemical process control An IFAC report[J]. Automatica, 1992, 28(2): 441-442.

[187] YOO C, LEE I B. Soft sensor and adaptive model-based dissolved oxygen control for biological wastewater treatment processes[J]. Environmental engineering science, 2004, 21(3): 331-340.

[188] RUMELHART D E, HINTON G E, WILLIAMS R J. Learning internal representations by error propagation[J]. Readings in cognitive science, 1988, 323(6088): 399-421.

[189] FERRARI S, STENGEL R F. Smooth function approximation using neural networks[J]. IEEE transactions on neural networks, 2005, 16 (1): 24-38.

[190] PARK J, SANDBERG I W. Universal approximation using radial-basis-function networks[J]. Neural computation, 1991, 3(2): 246-257.

[191] KWOK T Y, YEUNG D Y. Objective functions for training new hidden units in constructive neural networks[J]. IEEE transactions on neural networks, 1997, 8(5): 1131-1148.

[192] HUANG G B, ZHU Q Y, SIEW C K. Extreme learning machine: a new learning scheme of feedforward neural networks[J]. Piscataway: Institure of electrical and electronics engineering Inc,2004:985-990.

[193] WANG G R, ZHAO Y, WANG D. A protein secondary structure prediction framework based on the Extreme Learning Machine[J]. Neurocomputing, 2008, 72(1/2/3): 262-268.

[194] HUANG G B, ZHU Q Y, MAO K, et al. Can threshold networks be trained directly? IEEE Trans Circuits Syst Ⅱ[J]. IEEE transactions on circuits and systems Ⅱ: Express briefs, 2006, 53(3): 187-191.

[195] ZAMPROGNA E, BAROLO M, SEBORG D E. Optimal selection of soft sensor inputs for batch distillation columns using principal component analysis[J]. Journal of process control, 2005, 15(1): 39-52.

[196] FU Y, CHAI T. Intelligent decoupling control of nonlinear multivariable systems and its application to a wind tunnel system[J]. IEEE transactions on control systems technology, 2009, 17 (6): 1376-1384.

[197] CHEN L J, NARENDRA K S. Nonlinear adaptive control using neural networks and multiple models [J]. Automatica, 2001, 37 (8): 1245-1255.

[198] CHAI T Y. A self-tuning decoupling controller for a class of multivariable systems and global convergence analysis[J]. Automatic control IEEE transactions on, 1988, 33(8):767-771.

[199] GOODWIN G C, RAMADGE P J, CAINES P E. Discrete-time multivariable adaptive control [J]. IEEE transsaction on automatic control, 1980, 25(3): 335-340.

[200] FILETI A M F, ANTUNES A J B, SILVA F V, et al. Experimental investigations on fuzzy logic for process control[J]. Control engineering practice, 2007, 15(9): 1149-1160.

[201] ZHENG J M, ZHAO S D, WEI S G. Application of self-tuning fuzzy PID controller for a SRM direct drive volume control hydraulic press [J]. Control engineering practice, 2009, 17(12): 1398-1404.

[202] PRECUP R E, HELLENDOORN H. A survey on industrial applications of fuzzy control[J]. Computers in industry, 2011, 62(3): 213-226.

[203] LI S T, SHUE L Y, SHIUE W. The development of a decision model for liquidity analysis[J]. Expert systems with applications, 2000, 19 (4): 271-278.

[204] OATLEY G, MACINTYRE J, EWART B, et al. SMART software for decision makers KDD experience[J]. Knowledge-based systems, 2002, 15(5/6): 323-333.

[205] SOUFIAN M, SANDOZ D J. Constrained multivariable control and real time optimization of a distillation process[C]. International conference on control. IET, 2002.

[206] AIRIKKA P. Advanced control methods for industrial process control [J]. Computing & control engineering journal, 2004, 15(3): 18-23.

[207] ARROYO-FIGUEROA G, SUCAR L E, VILLAVICENCIO A. Fuzzy intelligent system for the operation of fossil power plants [J]. Engineering applications of artificial intelligence, 2000, 13 (4): 431-439.

[208] GOODHART S G. Advanced process control using DMCplusTM[C]. Control 98 ukacc international conference on. IET, 1998.

[209] MANESIS S A, SAPIDIS D J, KING R E. Intelligent control of wastewater treatment plants[J]. Artificial intelligence in engineering, 1998, 12(3): 275-281.